Viaje al optimismo

Divulgación
Ciencia

Eduardo Punset

Viaje al optimismo

Las claves del futuro

DESTINO

No se permite la reproducción total o parcial de este libro,
ni su incorporación a un sistema informático, ni su transmisión
en cualquier forma o por cualquier medio, sea éste electrónico,
mecánico, por fotocopia, por grabación u otros métodos,
sin el permiso previo y por escrito del editor. La infracción
de los derechos mencionados puede ser constitutiva de delito
contra la propiedad intelectual (Art. 270 y siguientes del Código Penal).
Diríjase a CEDRO (Centro Español de Derechos Reprográficos) si necesita
fotocopiar o escanear algún fragmento de esta obra. Puede contactar
con CEDRO a través de la web www.conlicencia.com
o por teléfono en el 91 702 19 70 / 93 272 04 47

© Eduardo Punset, 2011
© Ediciones Destino, S. A., 2011
   Avinguda Diagonal, 662, 6.ª planta. 08034 Barcelona (España)
   www.edestino.es
   www.planetadelibros.com

Fotografía de la cubierta: © Lawrence Manning / Corbis
Fotografía del autor: © Miquel González / Shooting
Primera edición en esta presentación en Colección Booket: abril de 2013

Depósito legal: B. 6.097-2013
ISBN: 978-84-233-4632-5
Composición: Moelmo, SCP
Impreso y encuadernado en Barcelona por:
Printed in Spain - Impreso en España

Biografía

Eduardo Punset (Barcelona, 1936) es el autor de divulgación científica con más lectores en España. Licenciado en Derecho por la Universidad de Madrid y máster en Ciencias Económicas por la Universidad de Londres, se estrenó como redactor en la BBC. Ejerció como director económico para América Latina de *The Economist* y colaboró con el FMI en Estados Unidos y en Haití. Tuvo un destacado papel durante la Transición, como alto cargo del primer gobierno de la democracia, ministro para las Comunidades Europeas con Adolfo Suárez y consejero de Finanzas de la Generalitat con Josep Tarradellas. Presidió la delegación del Parlamento Europeo para Polonia, tras lo que ejerció diversos cargos en la empresa pública y privada, entre ellos presidente de la eléctrica Enher y subdirector general de Estudios Económicos y Financieros del Banco Hispanoamericano. Autor de numerosos libros, con más de un millón de lectores, dirige y presenta desde hace diecisiete años en TVE el programa «Redes», un referente de la comprensión pública de la ciencia. Ha recibido, entre otros, el Premio Rey Jaime I de Periodismo 2006.

www.eduardpunset.es

Índice

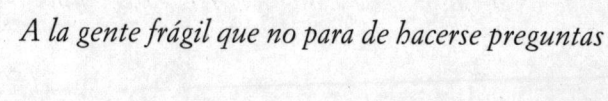

A la gente frágil que no para de hacerse preguntas

Introducción

Cualquier tiempo pasado fue peor

No comprendo por qué, sobre todo instituciones, han hecho tan poco caso a la magnífica idea del diseñador de ordenadores Daniel Hillis, que propuso, hace ya bastante, construir un reloj que hiciera tictac una sola vez al año, que sonara sólo cada siglo y en el que sólo cada milenio apareciera el cuco. Habría sido una forma de hacer entender a la gente de la calle, funcionarios y ejecutivos de corporaciones que lo único que está socavando nuestro espacio vital es la concepción equivocada del tiempo. ¿Por qué es tan esencial para nuestro futuro la concepción que tengamos de éste?

El gran geólogo británico Ted Nield invitaba a sus alumnos a mirar en la dirección del quásar 3C 48, situado a 4,5 miles de millones de años luz de nuestra galaxia, porque consideraba muy probable sorprender a un habitante de aquel quásar contemplando extasiado, allá a lo lejos, muy lejos, el nacimiento de nuestro sistema solar. Lo estaría viendo ahora, porque esos miles de millones de años son el tiempo que ha tardado en llegarle el reflejo de nuestra aparición en el cosmos.

Cuando no se tiene una concepción pausada y responsable del tiempo, se vive dominado por el pesimismo o el optimismo a partes iguales. Y considero que es importante insistir en ello. Es probable que la realidad de cada día en cierto modo induzca a pensar así, porque da la impresión de que ésta cambia cada segundo. Sólo cuando se contempla el pasado y el futuro en perspectiva, se comprende que cualquier tiempo pasado fue peor y que cualquier periodo del futuro será mejor. La continuidad del optimismo que ha permitido a la especie sobrevivir depende precisamente de esta revelación, tan o más importante que la del Nuevo Testamento.

El biólogo, inventor y oficial del ejército Stewart Brand sugería construir una especie de reloj de la mente que nos ayudara a desechar de una vez por todas nuestra actual concepción del tiempo, tan patológicamente cortoplacista y tan alejada del concepto de responsabilidad. La gente tendría así una oportunidad de aprender la única concepción del tiempo que existe, la geológica, en lugar del furtivo, instantáneo y chisporroteante fugaz fogonazo que nos oprime.

Nuestra concepción trasnochada del tiempo nos impide no sólo afrontar los únicos desafíos que son ciertos —los resultantes de evoluciones que hoy clasificamos como de largo plazo—, sino que nos convierten en irresponsables, en el sentido literal de no asumir la autoría del daño causado a generaciones futuras, en virtud de nuestra concepción anticuada del tiempo. Porque nuestra manera apresurada de tomar decisiones se compagina muy mal con la comprensión a largo plazo de nuestros actos y de la responsabilidad asumida. Como dice un climatólogo reconocido, «somos la primera generación que ha afectado al clima, y la última que puede escabullirse sin notar sus efectos».

¿Cómo entender, si no, la urgencia de soslayar el impacto de la acumulación de CO_2 en la atmósfera para los próximos 100.000 años, pasando esa enorme hipoteca a otras generaciones, a nuestros propios hijos?

Los cambios experimentados en nuestro ADN durante los últimos 50.000 años, modestos en el medio plazo, pudieron ser similares a los sufridos por nuestros primos los neandertales; pero ¿qué fue lo que permitió que avanzásemos como especie, mientras los neandertales se extinguieron en la noche de los tiempos?; ¿cómo se puede defender que no miremos siquiera ese ADN, porque no nos da tiempo a percibir sus cambios desde la óptica temporal que ahora prevalece?

A menudo no hace falta prever cómo serán las cosas dentro de 100.000 años, porque —al surgir los primeros antecesores multicelulares de los animales hace unos setecientos millones de años— el gran salto adelante de la evolución no dependió de genes y proteínas recién inventadas, sino de saber combinar y buscar nuevas finalidades a elementos con los que ya se contaba.

Agobiados por el impacto de la crisis energética que se avecina, no analizamos ni dedicamos todos los recursos que merecería investigar cómo las cianobacterias evitaron la extinción de la vida en el planeta hace 2.300 millones de años, descubriendo para ello la fuente energética de la fotosíntesis.

El matemático y físico Freeman Dyson ha resumido mejor que nadie esa supeditación de los humanos a distintas fijaciones o responsabilidades. «El destino de nuestra especie está configurado por seis escalas del tiempo diferentes. Sobrevivir implica competir con éxito en las seis, aunque la unidad de supervivencia es distinta en cada escala. Si se consideran los años individualmente, la unidad es la persona. En una escala del tiempo de décadas, la unidad es la familia. En una escala de siglos, la unidad contable es la tribu o la nación. En la escala de milenios de años, la unidad es la cultura. En una escala de décadas de milenios, la unidad es la especie. En una escala de eones, la unidad es toda la red de vida en el planeta. Todos los humanos son el resultado de la adaptación a las seis escalas del tiempo y sus unidades. Por ello arrastramos contradicciones profundas en nuestra naturaleza.»

Para sobrevivir hemos tenido que ser fieles a nosotros mismos, a nuestras familias, a nuestras tribus, a nuestra cultura, a nuestra especie y a nuestro planeta. Si nuestra psicología es complicada, se debe a que es el subproducto de demandas complicadas y contradictorias.

Los primeros futurólogos fueron los agricultores que nos precedieron hace 10.000 años. Abandonaron el nomadismo y tuvieron que aprender que había que dejar transcurrir seis meses entre la siembra y la cosecha y que valía la pena estudiar algo de astronomía para saber cuándo convenía plantar. Los agricultores sucedieron a los nómadas y se afincaron porque aprendieron más que ellos. Realmente, uno se da cuenta de que el secreto consiste en considerar los últimos 10.000 años como si hubieran pasado la pasada semana, y los siguientes 10.000 años como si fueran la semana que viene. Son secretos que confieren una ventaja evolutiva; ojalá nos aplicáramos en revelar algunos.

En este *Viaje al optimismo* le recuerdo al lector otro de los secretos que convendría no olvidar en épocas de cambio. No estamos atravesando —al contrario de lo que se nos ha repetido sin cesar— una crisis planetaria, sino una crisis de países específicos que cometieron errores notables, como vivir durante años por encima de sus posibilidades.

Tampoco es cierto, insisto, que todo tiempo pasado fuera mejor, sino todo lo contrario. El optimismo que debiera presidir el análisis de lo que viene arranca del hecho comprobado de que los niveles de violencia están disminuyendo y los de altruismo aumentando.

La crisis económica ha oscurecido la comprensión del éxodo masivo de la realidad que se está produciendo; la gente mira la tele, manda e-mails, habla con personas de otros hemisferios a las que nunca ha visto, ni probablemente verá jamás, vive inmersa en mundos y tareas digitales. Sólo ahora estamos descubriendo el sentido de ese excedente cognitivo y exorbitante, que tiene poco que ver con la satisfacción de las necesidades evolutivas básicas y mucho con la innovación y el futuro.

Idénticas ventajas evolutivas nos conferirá la comprensión de las emociones y el aprendizaje de su gestión: como exclamaba, agradecida, una compañera de trabajo, ¡ahora me puedo fiar de que la intuición es una fuente de conocimiento tan válida como la razón! La gestión individual de los mecanismos mentales será paralela y no menos visible que el cuidado de la salud física o de la dieta.

La soledad —una enfermedad en sí misma— dejará de carcomer a casi un 30 por ciento de la población hoy desorientada cuando aceptemos que el cerebro no distingue entre necesidades físicas y mentales: se activan con la misma intensidad los circuitos cerebrales cuando se tiene hambre que cuando se padece soledad.

Capítulo 1

Por qué nos preocupamos más de la cuenta

Cierto mediodía del verano de 2011 comí en el restaurante Casa Dora, en O Grove, en Galicia, invitado por el chef, que tenía dispuestos y leídos la mayor parte de mis libros. En la mesa del fondo del local había una dama de bastante edad que padecía una enfermedad crónica de la vista, según me contó ella al reconocerme, que le impedía atisbar con claridad lo que ocurría fuera; estaba de vacaciones en Galicia, pero vivía en Bruselas, a donde la habían llevado con apenas un año, como hija de la guerra civil. Su hijo, con el pelo negro de punta, siguiendo la moda de los jóvenes, acompañaba con su mujer e hija a su madre y su padre.

Estuve toda la comida mirándolos de reojo, preguntándome por qué la hija, joven y bella, en el último rincón de la mesa, derrochaba tristeza cuando casi todos los demás sonreían. Tenía ganas de explicarle que un ser como ella, con los pómulos salientes legados por mongoles a sus antecesores hispanos en el siglo XI, no tenía motivos para estar triste. Quería aconsejarle que coleccionara fósiles, porque la ayudarían a superar el cronómetro de la vida cotidiana y a mecerse en un esplendor insospechado; podría comprobarlo si era capaz de acariciar unos segundos a un trilobita de hace 500 millones de años mientras sonaba su móvil.

Al final me acerqué. Sin embargo, articulé mal mi discurso y, al ser ella flamenca, no pude entender sus intentos de chapurrear francés. Su forma de hablarlo me recordó al *creòle* de los nativos haitianos, el que hablaban entre ellos los ministros amigos cuando yo llegué a la isla, con la intención no disimulada de que no se enterara el representante del Fondo Monetario Internacional de lo mal que iban las cosas tras la muerte del viejo dictador François Duvalier. Al fin y al cabo, mi llegada a Haití coincidía con el respiro de la comunidad financiera internacional, en unos momentos en los que se quiso creer que aquello tenía remedio, a pesar de la cultura vudú.

Las emociones de la manada

Me irrita y no acabo de entender por qué tan poca gente hizo caso —como recordaba en el prólogo— a la idea de Daniel Hillis de fabricar una especie de reloj prehistórico que hiciera sólo tictac una vez al año, sonara cada siglo y dejara cada milenio asomar su cabecita al cuco.

Ésa era la primera causa de la mirada atribulada, inconstante de la joven flamenca. Su abuelo me reconoció, y estaba feliz de que los seis estuviéramos hablando de todo y nada, pero ella apenas articuló palabra, entre sonrisas entrecortadas. Recuerdo cómo mi cerebro se recostó en la segunda razón que explicaba su tristeza.

Todos los humanos —incluida la flamenca a la que tanto quise en tan pocos segundos, en virtud de quimeras que no había mencionado el sabio Dyson— luchan por adaptarse a las seis escalas del tiempo y sus unidades; ella ni se había detenido a considerar las cinco restantes, puesto que sólo la tercera, la de la tribu, le conmovía. Caben pocas dudas de que estamos llenos de contradicciones por motivos naturales.

Stewart Brandt toma las capas o rellanos psicológicos

del género humano y las traspone en seis rellanos paralelos pero distintos, constitutivos de las civilizaciones duraderas, como se puede ver en la siguiente imagen.

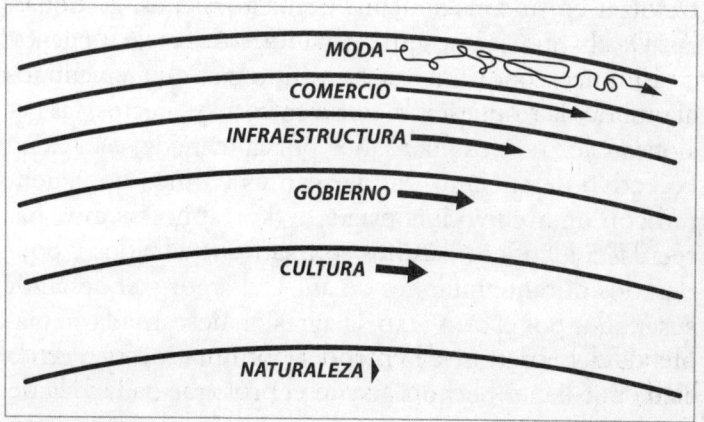

Los últimos niveles son los innovadores, los inferiores los estabilizadores. El todo combina aprendizaje y continuidad.

La actividad en los primeros niveles es rápida y hasta fulgurante, y es donde se producen la mayor parte de las innovaciones. A medio camino, y en el seno de los trabajos de infraestructura, figura el sistema educativo, cuya base es el aprendizaje del método científico. En los últimos rellanos, las cosas son más pausadas, permanentes y seguras. Las interacciones entre los distintos rellanos sólo se convierten en crisis insuperables si no se las mira como lo que son: partes indisolubles del todo.

¿Cuál será la próxima gran revolución que va a desconcertar a todos? ¿El descubrimiento científico que nos dejará sin palabras, de la misma manera que Copérnico dejó a los humanos sin un lugar fijo en el universo? Dentro de unos años será mayor aún el estupor originado a lo largo de la Historia por el desdén sistemático hacia las emociones básicas y universales con que los recién nacidos vienen al mundo. Porque tiempo atrás, si afloraban, había que aparcar o destruir las emociones; en ningún caso profundizar en su conocimiento y, mucho menos, gestionarlas. De ahí que sigamos preocupándonos más de la cuenta.

El único conocimiento congénito con el que venimos al mundo da respuestas inconscientes a los afectos, las pasiones y los recelos guardados por la manada; ésta es un colectivo de ancianos, adolescentes y niños que cuentan con un archivo inconsciente de respuestas muy parecidas a idénticos desafíos sopesados, evaluados y ponderados durante millones de años: el amor y el desamor suscitados por el otro sexo; la agresión descarnada en manos de depredadores; la sorpresa siempre inesperada; la rabia por haber hecho algo mal; el desprecio atrabiliario que la manada proyectaba en la expulsión a la intemperie, fuera de la cueva, donde no había salvación; la ausencia de miedo cuando se era feliz o del dolor cuando se podía imaginar la belleza del cuerpo y de la mente.

Cuando estalla el miedo se aplazan todos los objetivos a largo plazo, como construir una morada, enamorarse o tener otro hijo, y se supedita todo a la inmediatez del corto plazo; lo único que importa entonces es, sencillamente, sobrevivir.

Después de 400 años, hemos asimilado el descubrimiento de Copérnico de que no tenemos domicilio fijo y que, por lo tanto, es absurdo pretender que nuestra morada es mejor que la de los demás, que tampoco la tienen. Ahora bien, por primera vez en la historia de la evolución, empezamos a descubrir el poder inigualable de la manada y a saber, por ello, lo que nos pasa por dentro.

Las especies que han sobrevivido en el tiempo geológico son las que conciliaron los intereses básicos del individuo con el cuidado y supervivencia de su propia familia, tribu, especie y, desde hace muy poco tiempo, el planeta. Cuando no había más remedio que elegir entre lo que convenía al individuo, debilitando el soporte de la especie a la que se pertenecía, o bien acceder a lo que reclamaba el colectivo social, aunque fuera poniendo cortapisas a la búsqueda de intereses particulares, la opción ganadora siempre fue la misma: la que conciliaba el interés de la manada, sin el detrimento aparente de las personas.

Incluso las hormigas, avispas y abejas han sido exponentes de la conciliación de intereses dispares; es innegable y asombrosa la supervivencia de su linaje —más de cien millones de años, tras la expansión de las plantas con flor, una enormidad comparada con los dos millones de la especie humana—, como lo es la de sus individuos contra viento y marea y contra las pisadas de los humanos.

Científicos como Edward O. Wilson, de la Universidad de Harvard, han conseguido, gracias a la compenetración con el latir del tiempo geológico, captar los secretos de la vida de un hormiguero. Están codificados en lo que Wilson llama la ESA: E por Energía, S por Estabilidad y A por Área. Si no se hubieran dado las tres claves al unísono, es muy improbable que la vida de la especie se hubiese podido medir por millones de años. Para ello era preciso derrochar mucha energía; haber manifestado una cierta estabilidad, a pesar de los avatares climáticos, y haber dispuesto de espacio suficiente: en un islote pequeño, azotado por huracanes y aislado no se puede conjugar una especie con pretensiones universales.

El propio Wilson considera que la gran diferencia entre un superorganismo como los hormigueros y los esquemas organizativos de los humanos radica en que estos últimos son incapaces de supeditar todos y cada uno de sus intereses a la supervivencia del colectivo al cual se pertenece. Los humanos, asevera Wilson, nunca suelen acabar renunciando a la defensa de alguno de sus intereses en detrimento del bien común. Ahora bien, como veremos más adelante, no es seguro que siempre sea así.

A primera vista, el protagonismo y el poderío de la manada sobre el individuo son desproporcionados. Desde hace tiempo tengo en mi mesa, sin contestar todavía, una carta de un joven portugués que me ha conmovido; Dios sabrá por qué me recuerda a la cara, con huellas mongolas, de la flamenca conocida en el restaurante de O Grove. Pero no sólo voy a contestar su carta, sino que pido a aquellos de mis lectores que puedan aducir hechos para serenarle que lo hagan. En los dos párrafos siguientes nos adentramos en el mundo fantástico y conmovedor de las emociones humanas movidas por el resto de la manada.

Los demás secretos que confieren una ventaja evolutiva

Constataremos que la antítesis del amor no es el odio, sino el desprecio. Y que sólo se hace insuperable sobrevivir cuando se rompe el equilibrio entre la fuerza destructora del tiempo —los huesos devienen porosos al poco de la llegada de la menopausia en las mujeres— y el poder regenerador de los organismos vivos. En el esqueleto humano hay destrucción por una parte, pero sólo hay muerte cuando no hay vida por otra. Esta última reposa, mientras perdura, en el equilibrio entre la destrucción —que a menudo provoca la propia manada, como ocurre en las aldeas bombardeadas en una guerra civil— y la regeneración celular.

Corbera de Ebro, un pueblo devastado por la guerra. La muerte ocurre cuando se rompe el equilibrio entre las agresiones y la capacidad de regeneración.

Porque la muerte no está programada genéticamente; no hay ningún gen que encierre la clave para saber el momento en que terminará la vida y sucederá la muerte. Cuando esta última ocurra, será porque se ha roto el equilibrio entre el nivel de agresiones sufridas por el organismo y la regeneración celular.

A veces, la vida se transforma en algo doloroso, tormentoso. Estoy en una encrucijada. Una parte de mí quiere ser libre y la otra me dice que no, que alguien quiere hacerme daño, como ya ha ocurrido en el pasado. Cuando mis compañeros me preguntaban cosas, yo era muy reservado y solía guardarlas para mí. Un día, en la primera clase de música, se me pidió que tocara la flauta, pero yo ni sabía solfeo ni podía tocar ese instrumento. La profesora empezó a gritarme y rompí a llorar. A raíz de esto, los demás estudiantes se metieron conmigo en el recreo; me daba vergüenza de mí mismo porque el miedo me paralizaba.

Al año siguiente me ocurrió algo parecido. Se nos había pedido que leyéramos un libro que luego debíamos presentar en clase. Lo intenté de veras pero el miedo se apoderó de mí y me puse a llorar de nuevo. A partir de ahí me aislé de los demás estudiantes por vergüenza, porque estaba seguro de que me despreciaban. Los evitaba. ¿Por qué me pasaba esto? Tal vez porque un hermano mayor me pegaba cuando le faltaba al respeto; creo que esta violencia me infundió el miedo a hablar, aunque no le culpo a él de lo que me sucede. Uno de los individuos a los que tengo más miedo me ha soltado «¿por qué no te mueres?».

Estoy convencido de que alguien del pasado me querrá matar si me ve feliz, porque está acostumbrado a verme infeliz, con miedo, avergonzado, sin hablar con nadie. No sé si debo intentar vivir libremente mi vida, ir por la calle despreocupado, tranquilo, porque sé que ese individuo me odia. ¿Qué debo hacer? ¿Encerrarme en casa por miedo a salir? No puedo continuar viviendo así. Ayúdenme, por favor...

Abraço

A mi amigo portugués le había afectado, primordialmente, el desprecio de sus compañeros. Los que leyeron su carta en Internet le enviaron multitud de consejos. Los unos derivaban pautas de sus propios pesares, que a ellos les habían servido. Otros aconsejaban la intervención de profesionales versados en los impactos del miedo y el descontrol emocional.

En las respuestas elegidas que siguen —la una fruto de la experiencia y la otra del puro conocimiento—, nadie pone el énfasis en el factor decisivo: el desprecio que irrumpe cuando la manada expulsa literalmente a la víctima al espacio no controlado por nadie. Al reflexionar sobre las emociones negativas se confunde a menudo el desprecio con el miedo. Es el impacto dejado por el desprecio lo que alimenta el miedo, aquello que deja una huella irreparable. La vida carece de sentido cuando el desprecio logra destruir la confianza en uno mismo y la curiosidad por profundizar en el conocimiento y amor de los demás.

Experimentos muy recientes —divulgados por el psicólogo Richard Wiseman— han puesto de manifiesto las repercusiones negativas de las palabras mal intencionadas, de los insultos, de los improperios lanzados contra otra persona, de la violencia resultante de la emoción fruto del desprecio. Se ha comprobado que por cada calumnia lanzada contra alguien se requieren cinco cumplidos para compensar el daño infligido.

Testimonio de apoyo derivado de pautas generadas por profundizar en el conocimiento de los demás:

Tus sentimientos los compartimos muchos. No te arrepientas de tus lágrimas, sólo son una respuesta a la agresión a veces imaginada. Tenemos que pensar que no siempre se gana y que el tiempo nos traerá vientos más fértiles. Tú eres un ser único, maravilloso, te queremos tal como eres, con tus emociones exageradas y tu afán de superación. Eduardo, siendo niño, también sintió angustia por la pérdida de su lechuza domesticada, y eso le agrandó el corazón…

Testimonio de apoyo derivado de pautas generadas por los propios pesares:

Detrás de estas palabras que escribo existe también una nebulosa de miedos, y sin embargo elijo seguir adelante y no quedarme paralizada. Ahora escojo seguir adelante, aun sintiendo miedo. Amigo portugués, una experiencia que he vivido hace poco hace que me sienta identificada con lo que

te ocurre. Por mi historia, por la historia de la humanidad...
por lo que sea, en un momento de mi vida asumí el papel de
víctima, y para que yo fuese víctima necesitaba un verdugo, si no yo no hubiese podido desempeñar ese rol. Fueron
tiempos muy duros y difíciles para mí, sin embargo tuve que
tomar una decisión en firme cuando ya toqué fondo del todo.
Esa frase que te dijeron, «¿por qué no te mueres?»; algo así
tuve que hacer. Evidentemente, una muerte simbólica de esa
parte de mí que no me permitía ser feliz, que no me permitía
sentirme aceptada, que no me permitía sentirme merece-
dora, que no me permitía ocupar mi lugar en el mundo, esa
parte de mí que decía «podéis hacerme daño» (era yo quien
lo permitía). Tuve que decir adiós a esa parte de mí que ya
no me servía para poder sobrevivir, y menos para VIVIR. Mi
verdugo se convirtió en mi maestro, ya que gracias a él tomé
la decisión de CRECER, de tomar mi lugar... ¿por qué no
te mueres? Claro, muere una parte de mí que ya no me ayuda, que ya no me sirve, muere una parte para que otra pueda
renacer. El proceso fue duro; sin embargo acepté el apoyo
de muchas personas que estaban a mi lado, y junto a ellas
pude reinventarme y mudar de piel, dejando de ser víctima
para SER: ser mi mejor amiga, ser mi protectora, mi defen-
sora, y ponerme al nivel de los demás, ni más ni menos, de
igual a igual. La vida es una escuela de aprendizaje, y creo
que la mayoría tenemos las mismas asignaturas que aprender, aunque la forma sea diferente. Ten siempre presente que
TÚ PUEDES aprobar esta asignatura.

El Estado y el ciudadano
no son iguales ante la ley común

El único poder primordial que se expresa emocionalmen-
te en el tiempo geológico es el de la manada, pero el único

poder real, de cuerpo presente, blindado, es el Estado o Nación. ¿Estamos dispuestos a aceptar lo innegable: que el Estado y el ciudadano no son iguales ante la ley común? ¿Que lo peor que le puede ocurrir a uno es tener al Estado en contra, aunque sea por error y sólo durante un rato? ¿Y que en esta lucha desigual de poco sirve contar con el entramado emocional con que nos dotó la manada? Sólo los Estados pueden pulverizar el odio, la felicidad, la rabia o la felicidad.

La culpa no es de un personaje atrabiliario o de un partido político anticuado. Es de todos, de los de ahora y de los que nos precedieron modulando un Estado blindado y mil veces privilegiado con relación al ciudadano. Fue una idea que parecía inofensiva. Nuestros ancestros nómadas no necesitaban para nada el Estado. Fueron los primeros asentamientos agrícolas, hace unos 10.000 años, a quienes se les ocurrió la idea de dar a un funcionario público poder suficiente para guardar y multiplicar el primer excedente agrícola generado. Aquel poder incipiente de custodiar los primeros activos colectivos se fue transformando, poco a poco, en un poder avasallador. Hasta el punto de que hoy el Estado está blindado y el ciudadano totalmente indefenso: le pueden poner a uno en la cárcel mucho antes de haber sabido cuál es el contenido de la acusación, irrumpir en la cuenta corriente de cualquier ciudadano y bloquearla, incluso se pueden incautar de un coche que consideren mal aparcado.

Los españoles pertenecemos a la categoría de colectivos a los que tradicional e históricamente preocupó mucho más la diferencia de clases y la injusticia social que las libertades individuales. Antes de veinte años, incluso en países como el nuestro, se abordarán las reformas para disminuir los atropellos de las libertades individuales por parte del Estado. Yo ya no estaré cuando esto ocurra, y no digáis a nadie, lectores queridos, por favor, que lo había anticipado veinte años antes, cuando todavía estaba muy mal visto pensar lo contrario y cuando casi nadie se quejaba. Como dice el psicólogo Howard Gardner: cuando una idea es fácilmente aceptada es que no es creativa. Por este criterio, la mía lo es.

Tuve la oportunidad de constatar el contraste de sentimientos referidos a los distintos grados de conciencia social de pertenecer a una nación a raíz de los atentados terroristas en Estados Unidos (2001), Madrid (2004) y Londres (2005). En España, la agresión terrorista no sirvió más que para emponzoñar todavía más la división partidista, provocando un cambio de gobierno a raíz del impacto de los atentados, supuestamente tramados para castigar la participación española en la guerra de Irak.

En Gran Bretaña, en cambio, y por supuesto en Estados Unidos, los atentados generaron una marea de gente decidida a demostrar a los terroristas que no lograrían abatir los ánimos y conductas que ahora esos últimos denostaban. Los atentados galvanizaron la unión en lugar de la división.

En el verano de 2005 me encontraba en Londres cuando los terroristas islamistas cometieron sus atentados criminales en el metro. Llevaba pocos días en la capital británica y estaba tan absorto analizando la documentación disponible para el libro que andaba ultimando que apenas encendía la televisión o salía a comprar el periódico. Pasaron horas hasta que me enteré de la tragedia, a través de las llamadas de amigos y familiares desde España.

Cuando puse la televisión pude contemplar la riada humana que volvía a casa andando. El metro de Londres estaba paralizado. Mi memoria —contextual, desde luego— no olvidará jamás aquellas imágenes ni aquel recuerdo. La alarma sellada en los rostros de la gente de la calle y, al mismo tiempo, la convicción que emanaba de ellos de que los terroristas no conseguirían cambiar el rumbo de la vida británica. La memoria de aquel recuerdo indica dos cosas: el concepto de manada, la identidad social y la identidad individual se fundían y afloraba incólume en aquellas latitudes; en lo que se refería al mecanismo de la memoria, era el contexto lo que seguía contando, como estaban apuntando varios científicos amigos de Harvard y Nueva York: cuanto más llamativo es el contexto, mejor para la memoria.

Sugiero que seguía incólume aquel sentimiento de identidad social porque treinta años antes —cuando me tocó residir una década entera en Gran Bretaña— ya había tenido ocasión de palparlo. ¿Cuándo se fortalece ese sentimiento? ¿Qué condiciones deben darse para que la manada se haga aparente?

Creo haberlo descubierto a comienzos de la década de los sesenta del siglo pasado. Vivíamos en el sur de Londres, cerca del río, en un barrio llamado East Sheen, cercano al más poblado y conocido de Putney.

Además de pasear al perro, yo pasaba las tardes de los domingos escuchando los discursos amables y bien intencionados de mi vecino a su hija de siete años, que se filtraban indiscretos a través de las finas paredes. Esa conversación giraba siempre en torno al acento inglés de la niña, que debía parecerse como una gota de agua a otra gota al inglés que allí llaman de Oxford. Tanto Pam, su mujer, como el marido, Nigel, no se cansaban de corregir el acento de su hija para que nadie distinguiera su modesto origen social del de cualquier joven graduado de las universidades de Oxford o Cambridge. Los psicólogos no habían descubierto todavía que, lejos de repetir las admoniciones del padre, el otro miembro de la pareja debía hacer un esfuerzo para respaldarlas desde supuestos parecidos pero no idénticos:

«Cuando hayas terminado con las vocalizaciones del padre vente a la cocina y escucharemos ópera», habría debido decir Pam, en lugar de insistir mecánicamente en que se fijara en las vocalizaciones del padre. Para desgracia de la niña, su madre no hacía más que repetirle: «Fíjate bien en cómo vocaliza tu padre.»

Me asombraba el respeto implícito de Pam y Nigel hacia sus predecesores en la alta burguesía y nobleza inglesa. Subliminalmente, estaban inculcando a su hija que aquellos antepasados habían servido bien a su país; tan bien, que valía la pena imitar su acento y sus maneras. Justo lo contrario de lo que había ocurrido en España, donde el buen acento, el cultivo de la música o la ciencia lo predicaban sin saberlo los villanos de Salamanca.

Hubo dos grandes científicos, Pierre-Simon de Laplace y Gottfried Leibniz, que señalaron con el dedo la fuente del optimismo que, por fortuna, sustenta la oposición entre lo posible y lo imposible. El primero fue siempre mi favorito, porque su esperanza y la que infundía a los demás se alimentaba, sencillamente, en el método científico. Si Newton había sido capaz de formular las leyes que regían el universo, el resto podríamos profundizar en aquel sueño; como recuerda el cosmólogo y profesor de astronomía de la Universidad de Sussex John D. Barrow, «podríamos conocer completamente el futuro —puesto que Newton pudo sellar las leyes de la naturaleza— mediante una mente lo suficiente grande para conocer completamente el estado actual del universo y desarrollar los cálculos necesarios para perfilar el futuro».

Al parecer, Napoleón se sintió tan intrigado por el teorema sobre el equilibrio permanente de los cuerpos celestes expuesto por Laplace que le invitó a conversar con él: «Me gusta mucho su teoría, pero ¿la ha consultado con Dios?», fue la primera pregunta dirigida al sabio. «No; no hacía falta porque ya lo he comprobado yo —fue la respuesta de Laplace—. Todo lo demás se puede consultar», añadió.

Me gusta recordarles a mis nietas que el cúmulo de las cosas ya comprobadas es ínfimo, comparado con las que no lo están. Pero ese porcentaje de lo comprobado está aumentando a tasas geométricas y transformando nuestra concepción del mundo.

Capítulo 2
La crisis no es planetaria

Determinados sentimientos colectivos han canalizado las actitudes diversas frente a la crisis. ¿Por qué motivos han dado muestras de más optimismo los países anglosajones que el resto del mundo, incluidos los países europeos? Algunas convicciones o sentimientos arraigados han sido particularmente relevantes para confundir en lugar de informar. En primer lugar, la idea de que nos enfrentábamos a una crisis universal en lugar de a una crisis específica de sólo algunos países.

Ni planetaria ni sólo financiera

Gente muy seria, incluidos por supuesto varios presidentes de gobierno, han querido escudarse detrás de una supuesta crisis planetaria para no lastrar su reputación con la crisis específica referida a su propio país. Esas crisis específicas son el resultado de sus propias políticas de endeudamiento excesivo, público y privado, para financiar gastos e inversiones improductivas.

No debió haberse hablado nunca de crisis universal por la sencilla razón de que, para serlo, una crisis universal tendría que ser el resultado de un desequilibrio conformado con otro planeta, como Saturno o Neptuno. En el planeta Tierra —como en cualquier otro si hubiera vida en ellos—, los déficits de unos países son iguales a los excedentes de otros; como es lógico, algún ente de este planeta, y no de otro, está prestando dinero para colmar los excesos cometidos por los demás. No existe un agente financiero externo y todopoderoso. Por lo tanto, el total de la balanza de pagos del planeta Tierra está equilibrado. No hay nadie que desde Marte, Saturno o Neptuno esté financiando los descosidos del planeta Tierra; nada de eso ha existido, existe o existirá alguna vez.

Tampoco podemos hablar de crisis planetaria. La deuda de los gobiernos absorbió el 80 por ciento del nuevo endeudamiento neto, es decir, del valor total de la deuda contraída: bonos emitidos por corporaciones, instituciones financieras y gobiernos, activos respaldados por títulos y préstamos bancarios. Esos porcentajes revelan los cuantiosos déficits de muchas economías maduras, agravados por recuperaciones económicas muy débiles.

Lo que hay, pues, son crisis específicas generadas por los sistemas financieros de algunos países con relación al resto. Grecia, Portugal, Irlanda, España e Italia no crecen en absoluto y son los que de verdad están en crisis. Es cierto que Estados Unidos sigue figurando como el primer país en la lista mundial de deudores: una cifra equivalente al 21 por ciento de su PIB. Pero lo extraordinario es que España figure en segundo lugar, con un porcentaje equivalente a más del 90 por ciento de su PIB.

México, el resto de América Latina, China o la India están creciendo ahora a tasas extremadamente elevadas; otros países, como Estados Unidos, arrojan tasas elevadas de endeudamiento exterior, pero están apuntalados por un poder ingente que les sigue confiriendo el control de las reservas internacionales, los mares y el espacio. En lugar de una crisis planetaria como se ha dicho, hay unos cuantos países que están generando excedentes, otros que crecen modestamente pero a los que les importa poco y unos cuantos que están atravesando momentos de muy bajos rendimientos y expectativas.

Cualquier atisbo de solución pasa por rechazar la peregrina idea de una crisis planetaria y aceptar, en cambio, que unos países han desarrollado políticas que les han llevado al borde de la ruina y a otros por la senda del crecimiento. No hay crisis planetaria; hay crisis de países específicos en un planeta cuyos flujos monetarios se equilibran. Las ganancias de unos son las pérdidas de otros.

Pude analizar con detenimiento un ejemplo realmente esperpéntico a mi regreso a España en 1973, tras veinte años en el extranjero. Faltaba muy poco para que se iniciara la Transición política a la democracia y, sobre todo, la apertura de este país al exterior. Se ha subestimado una y otra vez el peso del pasado heredado y, sobre todo, el inicio de la liberación de ese pasado que supuso la apertura de España al exterior. Tal vez prefigurando lo que sería el futuro inmediato, el banco emisor, el Banco de España, cuya sede central está ubicada a los ojos de todo el mundo en el corazón de la plaza de Cibeles, en Madrid, decidió ponerse al día intentando controlar la oferta monetaria.

A los estudiantes de primer año de Económicas se les enseña que sólo hay dos formas de corregir el desequilibrio de un país con relación al resto del mundo: controlando la oferta monetaria para que se equiparen los niveles de ingresos y/o alterando el tipo de cambio de la divisa nacional para restablecer el nivel relativo de precios. El control de los depósitos bancarios, que con la cantidad de dinero en circulación constituyen el grueso de la oferta monetaria, requiere que el banco emisor cuente con determinados instrumentos, como los coeficientes de caja y liquidez impuestos a la banca, o la supervisión de mercados de excedentes como el monetario.

Esas medidas innovadoras, perfectamente asumidas por los responsables bancarios en otros países, generaron en España una situación anómala: los presidentes de los principales bancos del país no entendían lo que estaba ocurriendo. En el pasado habían sabido gestionar con profesionalismo las circunstancias entonces imperantes, pero no entendían nada de lo que estaba ocurriendo ahora y se les escapaban tanto las causas como las secuelas de la crisis.

El propio Banco de España —de la mano de su entonces jefe del Servicio de Estudios, Luis Ángel Rojo, y del director general Ángel Madroñero— se vio obligado a renunciar a sus interlocutores tradicionales, buscando y localizando en la propia banca a profesionales más jóvenes con los que analizar el impacto de las medidas que estaban tomando. Por primera vez, los responsables del Banco de España iniciaron reuniones semanales de trabajo, no con los presidentes de los primeros bancos del país, sino con los profesionales bancarios más jóvenes y allegados al mundo nuevo, pero varios puestos por debajo del escalafón de aquellos presidentes, unos presidentes que seguían reuniéndose a solas y en secreto para evitar no tanto la deriva de su país como su propia deriva ante el infierno que se avecinaba.

En poco tiempo, los presidentes de los tres primeros bancos del país iban a renunciar a su puesto y sus bancos desaparecerían o se fusionarían: Central, Hispano-Americano y Banesto. ¿Recuerda alguno de mis lectores un caso más obvio de las repercusiones de las nuevas tecnologías en los entramados de poder? Extraño sería que circunstancias no menos graves como las actuales no provocaran cambios personales o institucionales de dimensiones parecidas.

La crisis tampoco fue culpa
de un banco de Estados Unidos

La crisis tampoco es, al contrario de lo que se ha repetido tantas veces gratuitamente, el subproducto de un desorden financiero o bancario originado en Estados Unidos. Los europeos tienden a olvidar que para millones de sus ciudadanos, la emigración a Estados Unidos fue el único remedio a la crueldad incesante, torturas sin fin, abusos raciales y atentados innumerables cometidos en nombre del dogma religioso o del racismo. Pocos lugares en el mundo sobrepasaron los límites vulnerados durante la Edad Media, el Renacimiento o el periodo de la Ilustración en Europa. Estados Unidos se convirtió en el sueño de centenares de miles de personas en busca de trabajo y seguridad, de millones acuciados por la inseguridad jurídica.

Cualquier tiempo pasado fue peor.

Ese sueño dejó, en cambio, en los que no tuvieron más remedio que quedarse en el viejo continente, un cierto resentimiento y desprecio hacia los nacientes Estados Unidos de América; ellos seguían siendo los herederos del viejo pensamiento y de la elegancia, mientras que los nuevos Estados allende los mares estaban lejos de ser educados y cultos. Aquel sentimiento sigue vivo, aunque se disfrace de un antiamericanismo banal nutrido en la reafirmación de los valores heredados.

En una clase escolar se admite con cierta facilidad que el primero no lo es por casualidad, que algo tienen que ver en su calificación de sobresaliente sus dotes personales para acumular conocimientos, tanto como para innovar. Entonces, ¿por qué nos resistimos tanto los europeos en escrutar las razones que han permitido a un país como Estados Unidos situarse a la cabeza del mundo?

No siempre es fácil interpretar lo que está ocurriendo en el Nuevo Mundo sin sacar a relucir la experiencia de siglos en el Viejo Continente; por ello, se tiende a caracterizar a los demás con los defectos heredados de Europa, atribuyendo a los bancos americanos idéntico poder que a los bancos europeos. La crisis bancaria inicial afectó, sobre todo, a Lehman Brothers, Bear Stearns y Merril Lynch; se trataba de bancos de inversiones cuya crisis fue provocada por la caída de títulos respaldados por hipotecas y por las famosas *sub-prime*. Para desmentir la increíble y generalizada convicción de que la crisis de un banco como Lehman Brothers podría estar en el origen de la crisis financiera mundial, bastaría con comparar sus activos y pasivos con los del Banco de Santander.

A la crisis bancaria se había superpuesto el antes mencionado endeudamiento faraónico de los gobiernos; es decir, la crisis de verdad que afectó también a la banca comercial. Como dice Patrick Butler, de la consultora McKinsey, la vieja concepción de que algunos grandes bancos eran «demasiado grandes para quebrar» (*too big to fail* o TBTF, en inglés) y que, por lo tanto, siempre estaría la autoridad monetaria dispuesta a instrumentar su rescate en caso de crisis, desembocó en una cierta ambigüedad para que los gestores de esos bancos no se confiaran demasiado.

La crisis actual ha puesto de manifiesto que —por lo

menos en Europa, donde los bancos «demasiado grandes» son la regla y no la excepción— la autoridad monetaria hará siempre frente a la potencial pérdida de confianza total. La norma es ahora que ninguna institución financiera importante, bancaria o no, se abandonará a su suerte. El resultado neto de la crisis ha sido el de aumentar la dependencia que del Estado tiene el sistema financiero.

Sólo existe una posibilidad de impedir el peligro de instituciones TBTF. Reforzar la actual, y a veces inexistente, separación entre banca comercial y banca financiera. No parece que la opción contraria fuera la adecuada: las ventajas potenciales de universalizar la banca, mitigando las diferencias a la hora de posibles quiebras o rescates entre banca comercial y financiera, no parecen neutralizar los inconvenientes de abaratar los costes de capital de la banca financiera, al garantizar su seguridad para los grandes negocios que la caracterizan. El crecimiento de grandes instituciones financieras ocurriría entonces, como así ha sucedido, transfiriendo costes y riesgos a los impositores.

¿Qué se olvida demasiado a menudo? Pues que el poder de los barones industriales, mucho más que el de los financieros, fue decisivo en Estados Unidos; ésa fue su nobleza reconocida, que pobló el país de fundaciones y centros de investigación. Al contrario de lo que ocurrió con gran parte de la nobleza europea, la nobleza americana ha sido objeto de innumerables estudios sobre las correlaciones existentes entre el esfuerzo individual y la capacidad innovadora, incluido el altruismo social.

Se suele descartar, indebidamente, el impacto en la estructura del poder social del sistema adoptado para el desarrollo de la banca. Todo indica que cuando se permite a la banca utilizar los depósitos confiados por sus clientes para adquirir activos industriales y de todo tipo en propiedad, su poder sobre los ciudadanos es incomparablemente mayor que cuando se limita el uso que puedan hacer de esos depósitos de sus clientes.

Sobre el vértice de la llamada banca universal, a la que se permite comportarse indistintamente como un banco comercial y de negocios, se han diferenciado los dos tipos de banca existentes en el mundo: la banca mixta, característica de algunos países europeos, frente a la banca obligatoriamente diferenciada de depósitos y de inversiones, característica del mundo anglosajón.

Después de la Gran Depresión, el Congreso de Estados Unidos aprobó la ley Glass-Steagall, que obligaba a separar las actividades bancarias entre banca comercial y de inversiones, con dos finalidades básicas: las de moderar la especulación y evitar en la banca conflictos de interés. Esta situación se mantuvo hasta el año 1999, cuando la ley Gramm-Leach-Bliley puso fin a la especialización bancaria y permitió consolidar como banco universal al Bank of America, que es, además, el más grande de los bancos comerciales. Pero los contenidos y formas de la tradición de la especialización estaban arraigados, y por ello repugna a la opinión pública que la banca comercial pueda dedicarse a hacer negocios con el dinero de los demás. Las dos actividades pueden ser igualmente legales o legítimas, pero sólo la banca mixta no diferenciada confiere a los banqueros un poder inusitado que puede suscitar pasiones e iras populares típicas del entramado emocional de los europeos.

Sólo hay dos culturas políticas en el mundo

No se trata de una crisis planetaria. Ni fue su origen un desorden financiero ocurrido en Estados Unidos. Es posible, en cambio, que el sistema de la banca mixta, fundamentada en el uso de los depósitos ajenos para acumular activos en beneficio propio, contribuyera a la resistencia popular al método de ajuste aducido por los gobiernos y los bancos emisores. En muchos países europeos —no así en el mundo anglosajón—, la cultura había germinado y se había visto impulsada por el rechazo de las desigualdades sociales.

Ésta es la tercera singularidad a tener en cuenta cuando se trata de analizar la crisis que todavía embarga a Europa. La defensa de los derechos individuales y la protección de los derechos democráticos de los ciudadanos palidecen cuando se los compara con los esfuerzos desplegados en Europa para aminorar las desigualdades sociales. En el mundo europeo rara vez se han cuestionado los abusos de poder del Estado; no importarían si con ellos se paliaban las desigualdades sociales. Por ello, la reivindicación más oída durante la crisis en Europa ha sido, primordialmente, que se produzca un ajuste para lograr una mayor justicia social, mientras que en el mundo anglosajón las soluciones de la crisis han buscado controlar el poder financiero.

En Gran Bretaña y Estados Unidos, la cultura fue siempre el subproducto de la inteligencia y de los esfuerzos por equiparar, frente a la llamada *common law*, los derechos individuales de los ciudadanos con los del rey. La impropiamente llamada revolución liberal del siglo XVII, liderada por Cromwell, fue la primera revolución realmente social de las impulsadas en Europa. De allí surgió una cultura nacida de la igualdad reivindicada entre los ciudadanos y el poder. Dio lugar, lógicamente, a una legislación orientada sobremanera a evitar los abusos del poder del Estado frente a los derechos inviolables de los ciudadanos.

Los movimientos sociales en el resto del planeta, en cambio, fueron el fruto de la irritación provocada por las desigualdades sociales. Recuerdo perfectamente haber experimentado este sentimiento a mi regreso a España después de más de dos décadas en el mundo anglosajón. Lo que diferenciaba a los españoles de los británicos era su cultura, basada en el primer caso en el rechazo de las desigualdades sociales y diferencias de clases, mientras que en el segundo sólo contaba fiscalizar si el Estado estaba o no invadiendo los derechos de los ciudadanos. A los españoles les irritaban las diferencias clasistas; a los anglosajones, que el Estado avasallara en lo más mínimo los derechos de los ciudadanos mediante el abuso del poder.

El resultado es que en España nunca existió el caldo necesario para el cultivo de los derechos ciudadanos frente al Estado; a nadie importaba saber por qué se interrumpía la libertad de movimiento de los automovilistas en una calle determinada, o si Hacienda vulneraba los derechos de los individuos saqueando sus cuentas bancarias sin el necesario amparo judicial; ni, por supuesto, si se respetaba la clásica división de poderes según Montesquieu. El desahucio injustificado del vecino amedrentado podía convulsionar, en cambio, al vecindario.

Afortunadamente, las dos clases de cultura atraviesan hoy un cierto acercamiento. En Europa empieza a importar el abuso del poder por parte del Estado y es visible el resquemor popular generado por la corrupción de los estamentos políticos. Y en Estados Unidos se pueden presenciar, por primera vez, los intentos por parte de sus gobiernos de ampliar el ámbito de prestaciones como las sanitarias para colmar algunos de los entuertos generados por las diferencias de clase.

Para los españoles la crisis es planetaria, de origen internacional, y las soluciones deben contribuir a reducir las diferencias de clase y desigualdades sociales. En el mundo anglosajón, en cambio, la crisis se experimenta en países determinados por la sencilla razón de que no pueden conciliarse sus tablas de producto con las de sus balanzas de pagos; la única solución consiste en reducir el nivel de ingresos hasta equipararlo con el del resto del mundo, respetando, eso sí, el orden establecido.

De la distribución de la riqueza a la distribución del trabajo

La resistencia al cambio arrecia en el mundo latino cuando se trata de adaptar la vida social a los impactos de las nuevas tecnologías. Ocurre así con el concepto de la esperanza de vida, que va mucho más allá de la edad de jubilación y afecta a los horarios laborales, los estudios, la educación de los hijos, el entretenimiento y retiro personal.

¿Se han enterado los dirigentes de siempre, como aquellos presidentes de los tres principales bancos de España, cuando el banco emisor quiso controlar por primera vez la oferta monetaria, de que la esperanza de vida se prolonga unos dos años y medio cada década desde 1840? ¿Alguien ha hecho el levísimo esfuerzo de tomar conciencia de que los niños nacidos en torno al año 2000 serán casi todos centenarios?

¿Alguien está sacando las conclusiones necesarias de la realidad innegable de que la esperanza de vida no sólo aumenta ininterrumpidamente, sino que ya no es tanto gracias a la disminución de la lacerante mortalidad infantil como al hecho de que la gente mayor muere más tarde? Como ha señalado uno de los mejores demógrafos y matemáticos del momento, James Vaupel, la tasa de mortali-

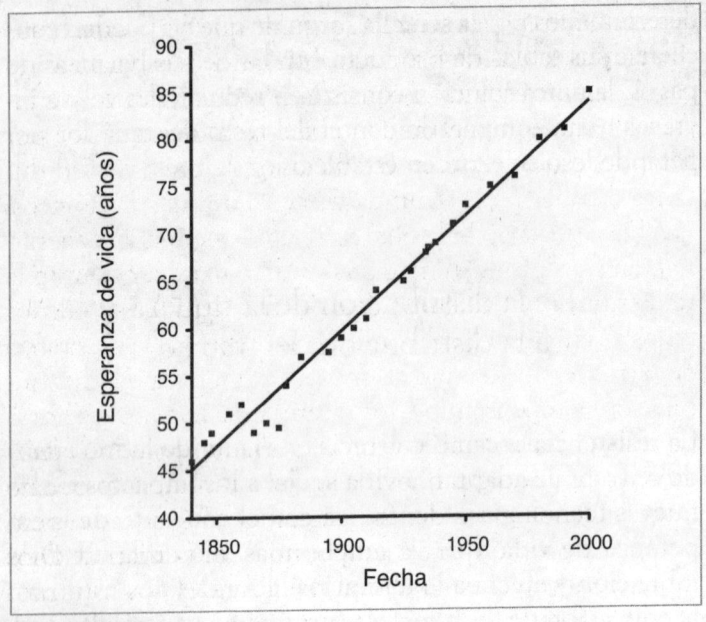

La esperanza de vida aumenta dos años y medio cada década.

dad de los que tienen ochenta años o más está descendiendo un 2 por ciento anual en la mayoría de los países.

Visto lo anterior, se antoja abrumadoramente descabellado que los dirigentes sociales sigan manteniendo que no deben tocarse los horarios de trabajo, la edad de jubilación o el tiempo dedicado al cuidado de los hijos, como si nada de lo dicho anteriormente hubiera pasado. ¿Es posible tal cerrazón cuando está comprobado que si el siglo pasado fue el de la distribución de la riqueza el actual será el de la distribución del trabajo?

Veamos el pasado y presente de esa realidad. Hoy por hoy, la gente dedica unas dos décadas a prepararse para su vida futura; con suerte, le toca luego dedicar otras dos décadas a compaginar su trabajo durante ocho o diez horas diarias con la educación de los hijos; también, en muchos casos, seguir pagando después la hipoteca cuando sus hijos ya no necesitan el cuidado incesante de antaño, y, por fin, pueden retirarse en condiciones de buena salud durante dos décadas, redundantes en términos biológicos.

¿De verdad no se le ocurre a nadie que puede generarse el mismo producto nacional, y algo más, adecuando la redistribución del tiempo de ocio, trabajo, cuidado de los niños y retiro a raíz del continuo aumento de la esperanza de vida? Se podría, por ejemplo, extender la edad de jubilación compensando a los interesados con menos horas de trabajo durante su juventud, para que pudieran dedicar más tiempo a sus hijos y a los estudios. Resulta que no se han eliminado los daños perversos de la senectud pero sí se han retrasado en el tiempo; no tiene perdón de Dios dejar a los mayores a merced del azar y el aburrimiento inacabable cuando se disfruta de plena o casi plena salud.

Debiera replantearse de nuevo la distorsión que se produce en el ámbito y vocación de determinadas profesiones políticas. Se les eligió en su día como garantes de determinados intereses, pero también para que fueran gestando una adecuación paulatina de las instituciones y de aquellos intereses a los cambios ocurridos en nuestra sociedad. No pueden, por ejemplo, y para citar el asunto que ahora nos hace reflexionar, no darse por enterados de que la esperanza de vida ha aumentado de modo insospechado y de que esto afecta a la distribución del trabajo, educación, ocio y entretenimiento.

Los humanos, al contrario de otras especies, han sobrevivido porque supieron decidir en cada momento no sólo si era mejor hacer frente a los desafíos o, por el contrario, huir del depredador, sino porque supieron prever el futuro.

Es impresionante constatar hasta qué punto las personas con un juicio formado se aferran a él y prefieren que todo sucumba a su alrededor, antes que aceptar que la vieja convicción ha dejado de expresar la realidad de las cosas. En definitiva, que su opinión es arcaica e inservible.

Capítulo 3
Hacía setecientos millones de años que no ocurría nada parecido

A primera vista, somos seres desvalidos a los que sólo la tecnología y el espíritu pueden ayudar. Cuando se analiza la situación con cierto detalle, sin embargo, se hace preciso constatar que habría que remontarse varios cientos de millones de años atrás para encontrar noticias tan alentadoras como las que nos invaden todos los días.

Nunca había ocurrido nada igual

Hace setecientos millones de años se fraguó la increíble aparición de los organismos multicelulares, que dieron lugar al reino animal a partir de sus ancestros unicelulares, en un proceso evolutivo maravilloso y fundamental, que todavía está cargado de incógnitas. Las cianobacterias filamentosas fueron las primeras que alumbraron formas multicelulares sencillas.[1]

—Espiroqueta, espiroqueta... ¿Por qué no te quedas conmigo? —le dijo la primera célula a su compañera, que se movía con mayor rapidez gracias a sus cilios y flagelos—. Si te quedas conmigo, las dos iremos más deprisa.

—De acuerdo —respondió la espiroqueta, segura de poder contar con un nuevo entorno a salvo de depredadores.

Así pudieron ser los orígenes de la comunidad andante de trillones de células que componen los humanos hoy día. Los nuevos organismos multicelulares no eran comparables a los unicelulares de antaño ni en tamaño, ni en la versatilidad funcional, ni en el nivel de resiliencia, ni en la capacidad programadora y grado de perfeccionamiento genético, ni, por supuesto, en sus posibilidades de supervivencia. Maynard Smith considera la multicelularidad entre las nueve innovaciones evolutivas más importantes. No ha habido, con toda certeza, un avance más insospechado y decisivo a la vez a lo largo de la evolución, como no sea el impacto de las interacciones de las redes sociales, como se verá más adelante. Entre uno y otro hay tanto para elegir que no todos los paleontólogos coinciden en identificar a los protagonistas de los cambios más decisivos.

Una forma certera de detectar a los impulsores de la historia evolutiva sería identificar los entes y formas responsables del salto de los organismos unicelulares a los multicelulares. Como señala David L. Kirk, «en la Tierra, es mucho mayor la presencia de organismos unicelulares que de multicelulares, pero sin estos últimos el planeta parecería un desierto peor que el de Marte».[2] En otras palabras, sin la multicelularidad y su evolución, en este planeta no existirían ni las plantas, ni los animales, ni, por supuesto, el hombre. Las ventajas de los organismos multicelulares son evidentes: aumento del tamaño para protegerse de los depredadores; diferenciación celular, que permitió el inicio de la especialización, y la reproducción sexual, que posibilitó la diversidad necesaria para adaptarse mejor al medio ambiente.

El relato no está exento de sorpresas hasta ahora inesperadas. Resulta que el enorme cambio al que tanto atribuimos —no hubo otro mayor en la historia de la evolución— no se debió a grandes innovaciones o mutaciones genéticas, sino que estaba escrito ya en el quehacer coti-

diano de los organismos unicelulares, que se habían preparado para las grandes e inminentes transformaciones.
Es fascinante que científicas
como Nicole King, de la Universidad de California-Ber-
keley, hayan podido demostrar que todos los animales
—desde las esponjas a los ver-
tebrados— tienen antecesores comunes. ¿Les interesa a
mis lectores ver cómo pinta
el coanoflagelado, un proto-
zoo unicelular parecido a un
espermatozoide que vive en
el mar cazando bacterias con
su collar de tentáculos y su
flagelo, y que podría ser muy
parecido al antecesor unicelular de los primeros animales?

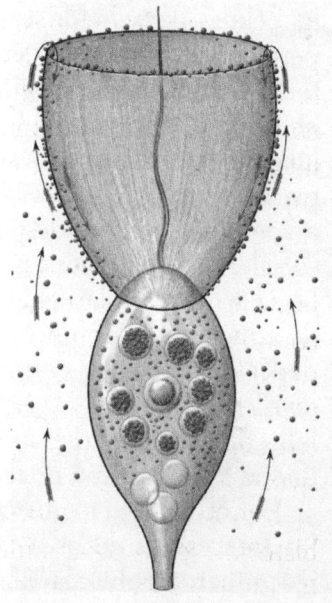

El conoflagelado, con su collar de
tentáculos y su único flagelo, es
quizás el pariente unicelular vivo
más próximo a los animales multicelulares.

El origen de los organis-
mos multicelulares, uno de
los eventos más increíbles e importantes en la historia de
la vida, permanecía todavía en penumbra, por la ausencia
en el registro fósil de los primeros intentos hacia la multicelularidad animal, ya que estos nuevos individuos care-
cían de partes duras susceptibles de dejar alguna pista al
morir. Sin embargo, el desarrollo de la filogenética y la genómica comparativa ha permitido identificar posibles ancestros unicelulares y trazar las transiciones hacia la multicelularidad.

Los caminos hacia la multicelularidad pudieron implicar mutaciones genéticas que afectaron a la capacidad de

las células para dividirse, de manera que las células hijas permanecieron pegadas en lugar de separarse y estas quimeras continuaron la evolución. Lo que parece claro es que la selección natural ha premiado la asociación de células en organismos para aprovechar los beneficios de permanecer juntos, algo que no debe sorprendernos a los que mil millones de años después nos adentramos en las redes sociales. En cualquier caso, durante estas primeras etapas hacia la multicelularidad fue primordial elaborar sistemas de adhesión y comunicación para coordinar las actividades de las células constituyentes del grupo; permitir la división del trabajo y la especialización, de manera que células diferentes pudieran hacer cosas distintas, y abrir la puerta a la aparición de tejidos y órganos.[3]

Por otra parte, lo que el registro fósil sí nos dice es que los antecesores de las bacterias filamentosas multicelulares pudieron poblar la Tierra hace 3.200 millones de años. Entonces, en una «aceleración» de la ola evolutiva, se generaron los primeros experimentos de la multicelularidad eucariota (no bacteriana), y se identificaron fósiles de formas filamentosas de algas rojas (1.200 millones de años), algas verdes (antecesores de las plantas, 750 millones de años) y embriones animales (600 millones de años).[4]

En estos 700 o 600 millones de años evolucionamos desde nuestros sencillos antepasados unicelulares a una ruidosa manifestación de complejidad y diversidad, que se refleja actualmente en los siete millones de especies animales que habitan en la Tierra,[5] desde gusanos en el fondo de los mares a elefantes en la sabana africana. Sus cuerpos coordinan trillones de células que forman músculos, huesos y centenares de otros tejidos celulares. El inicio del reino animal puede considerarse otra revolución ecológica.

Pero volvamos a nuestro amigo el coanoflagelado. Como nos cuenta Iñaki Ruiz Trillo, profesor asociado del Departamento de Genética de la Universidad de Barcelona, los estudios de genómica comparada han permitido descubrir, para sorpresa del mundo científico, que simples organismos unicelulares como *Choanoflagellatea*, *Ichthyosporea*, *Ministeria* o *Capsaspora* poseen ciertos genes que anteriormente se creía que eran exclusivos de los animales. Por ejemplo, *Capsaspora* posee unas proteínas denominadas integrinas que controlan la maquinaria de adhesión (los remaches y las grapas que mantienen unidas entre sí a las células del estómago o del cerebro). ¿Qué hace un sistema de adhesión tan característico de los seres multicelulares en un organismo unicelular? ¿Para qué lo necesita? Estas preguntas todavía no tienen respuesta, pero parece lógico pensar que el individuo multicelular aprovechó estas proteínas para mantener unidas a sus células constitutivas.

Lo realmente importante que nos muestran estos y otros estudios es que los antecesores unicelulares de los animales ya tenían los componentes genéticos necesarios para la multicelularidad.[6] No crearon nada nuevo, simplemente adaptaron lo que ya tenían para dar el siguiente salto evolutivo.

Los análisis comparativos de los genomas de protozoos como el coanoflagelado con los de animales primitivos permitieron intuir los primeros pasos hacia la multicelularidad, pero la distancia filogenética entre ellos es tan grande que es necesario llenar esta laguna para saber exactamente qué ocurrió durante este proceso evolutivo tan importante. Como comprobaremos a continuación, en esta historia detectivesca de nuestra evolución, las esponjas marinas son la pieza del puzzle que faltaba.

Las esponjas son animales multicelulares acuáticos de extrema sencillez, no tienen cerebro, ni estómago, ni riego sanguíneo, pero, como otros animales, producen óvulos y espermatozoides.

Al igual que otros animales, las esponjas pueden generar esperma y óvulos con los que fabricar embriones.

Desde hace tiempo se sospechaba que las esponjas son el grupo de animales más primitivo sobre el planeta, y seguramente su esqueleto nos ha dejado pistas de su paso. Efectivamente, no hace mucho Adam Maloof, de la Universidad de Princeton, publicó los detalles del que consideran el fósil animal más antiguo jamás encontrado. Los restos, que fueron hallados en Australia y datan de hace 650 millones de años, contienen una red de poros muy similar a las que se encuentran en las esponjas marinas actuales.

Desde hace cientos de millones de años nuestra rama evolutiva ha sido objeto de numerosos cambios, pero el linaje de las esponjas apenas ha variado. Algunos científicos como Mansi Srivastava de la Universidad de California, Berkeley, mantienen que las esponjas están tan cerca de la base del tronco filogenético animal, que seguramente fueron testigos en primera persona del salto evolutivo. ¿Es posible que sus genes nos cuenten cómo se produjeron los primeros animales multicelulares?

El grupo de investigación liderado por Daniel Rokhsar y Mansi Srivastava ha secuenciado el genoma de la esponja *Amphimedon queenslandica* que habita la Gran Barrera de Coral. Entre sus 20.000 genes encontraron 4.670 familias comunes a todos los animales: el genoma de la esponja por fin había revelado los secretos para construir un animal primitivo. Entre ellos se encontraban genes que confieren a la célula la habilidad para pegarse a la vecina, comunicarse, dividirse y crecer de manera coordinada, para distinguir una célula foránea, e incluso ciertos genes que operan tanto en neuronas como en células musculares, a pesar de que estos individuos carecen de sistema nervioso o muscular. Los científicos tambien identificaron genes inductores del suicidio celular, los cuales se activan cuando sienten que algo va mal y cuya función, por ejemplo, es la de impedir que las células se multipliquen a expensas del colectivo. Naturalmente, el cáncer se hizo realidad cuando surgieron los organismos multicelulares. Mansi Srivastava y sus colaboradores por fin identificaron algunos de los genes clave que confieren a las esponjas su estatus de animal multicelular, y que a su vez permitieron la evolución del reino animal.

Hace unos cuatrocientos cincuenta millones de años, los primeros organismos acuáticos abandonaron su medio y se adentraron en la tierra. En una perspectiva geológica del tiempo, ésa es la segunda epopeya de la evolución; a veces cuesta pensar que hace apenas quinientos millones de años todos los seres vivos eran acuáticos.

El tercer gran salto adelante vino marcado por la separación genealógica de los humanos y de los chimpancés de un antecesor común. El bipedismo posterior supuso un cambio cualitativo sin precedentes para la especie humana. Andar sobre dos piernas liberó las manos para hacer otras cosas además de correr, al tiempo que dio lugar a la práctica de la visión estereoscópica y al uso de las técnicas determinantes del equilibrio fisiológico.

La comunidad andante de células que forma un individuo tiene desde sus orígenes un sistema de percepción del mundo exterior, un mecanismo fisiológico para dar cuenta de la absorción y descarga de los elementos necesarios para sobrevivir, un sistema motor para desplazarse y un sistema reproductor para garantizar la supervivencia de la especie. En realidad, en la perspectiva del tiempo geológico, se han producido pocos avances además de los indicados. Somos muy parecidos a lo que éramos, a pesar de los cánticos a la naturaleza supuestamente sobrehumana de los homínidos.

En lo que concierne a la percepción del mundo exterior, se produjo una adecuación de los mecanismos perceptores en función del talante agresivo y depredador o, por el contrario, del carácter eminentemente observador y merodeador de todo lo que rodeaba al organismo en cuestión. El sistema visual del primero permitía apreciar de frente todos los detalles del organismo que se iba a asaltar; el sistema de visión de un depredador como el lobo se concentra para estudiar y atacar a la presa, mientras que el de una golondrina es de carácter mucho más periférico, con vistas a enterarse de lo que está ocurriendo a su alrededor y seguir vigilante.

Quedaría por saber cómo evolucionó el mecanismo que ha permitido a todos los organismos elegir una estrategia particular para sobrevivir. A pesar de los esfuerzos y recursos dedicados por la comunidad científica al estudio de la conciencia —porque a eso nos referimos cuando se mencionan las diferentes estrategias para sobrevivir individual y socialmente—, la verdad es que en pocos reductos del saber se han desperdiciado tantos recursos para llegar a ninguna parte. Se trata, como sugiere el oncólogo Josep Maria Llovet, del Hospital Mount Sinaí de Nueva York, «de un tema especulativo pero no esotérico».

Han servido de muy poco los esfuerzos de grandes científicos como Francis Crick, el descubridor del secreto de la vida en 1953; del neurólogo y premio Nobel Gerald Edelman, el que más profundamente ha investigado, sin éxito, el papel de la conciencia, o de Antonio Damasio —que no tuvo más remedio que aceptar el control ejercido por el inconsciente aunque, según él, sin mermar el poder de la conciencia—, para citar a los tres expertos del tema menos expuestos a la distracción y al pensamiento improvisado.

Diseñar nuestra propia vida

A principios de la década de los cincuenta, la comunidad científica se dispuso a explorar la estructura del ADN por primera vez en la historia. Hubo que esperar a 2003 con la secuenciación del genoma humano, trabajo inicialmente dirigido por el profesor Francis Watson, premio Nobel de Medicina del año 1962 por el descubrimiento de la estructura del ADN, para poder vislumbrar siquiera el diseño de nuestra propia vida. Fue una inversión colosal de más de 3.000 millones de dólares financiada desde Estados Unidos, una cuantía jamás igualada por ningún proyecto científico.

Pocas veces se había depositado tanta confianza en los méritos del conocimiento genético y, más tarde, de la llamada terapia génica. Cuando a mediados de los años cincuenta se descubrió el genoma, los científicos protagonistas de aquel proceso le llamaron el «secreto de la vida». Han transcurrido sesenta años desde entonces y es cierto que ahora le seguimos llamando algo parecido —«lenguaje de la vida»— y que, gracias a la terapia génica, visualizamos un mundo nuevo. Pero ya no nos lo creemos como antes.

Sería absurdo no alegrarse del cambio trascendental que supone haber superado una situación en la que se consideraba que teníamos buena salud hasta que surgían síntomas o indicios de una enfermedad. Antes se ignoraba el cuerpo humano hasta el día en que algo dejaba de funcionar. Hoy día, en cambio, sabemos que todo el mundo nace con huellas genéticas diferenciadas. Ningún cuerpo humano es perfecto, y por ello puede ser útil investigar nuestra doble hélice en busca de la salud. El análisis detallado del genoma constituirá el método más expeditivo para calibrar por dónde aflorarán las amenazas a la salud; ahora bien, seguimos estando muy lejos de ello, y los pacientes afectados por lesiones cardiovasculares, cáncer, diabetes o fibrosis quística siguen esperando la buena nueva anticipada por investigadores como Francis S. Collins, uno de los grandes adelantados de la medicina personalizada. ¿Están esos investigadores un paso por delante de las masas? ¿O demasiados pasos por delante, corriendo el peligro de encontrarse solos y gesticulando?

Los desórdenes genéticos bien clasificados y objeto de diagnóstico y seguimiento representan sólo entre un 5 y un 10 por ciento de los casos pediátricos admitidos en los hospitales. Afectan a un colectivo nada despreciable, pero a nivel individual se trata de casos poco comunes. La gran revolución en la genética humana consiste en la extensión rápida, más allá de esos casos singulares debidos a un solo gen, como la fibrosis quística, hacia campos inexplorados que revelen el papel de factores poligénicos individuales en enfermedades mucho más comunes que las apuntadas hasta ahora, como la diabetes, las lesiones cardiovasculares, el cáncer o las enfermedades mentales.

Se han podido, por ejemplo, identificar las bases genéticas del cambio de color en la piel. Resulta que el gen SLC24A5 es crítico para la producción de melanina, los pigmentos oscuros de la piel y el pelo. En los africanos este gen funciona perfectamente. Pero la mayoría de europeos tienen una mutación que afecta a la proteína correspondiente. Es paradójico que los asiáticos hayan retenido el buen funcionamiento del gen SLC24A5 —lo que propicia su cabello negro—, pero otras mutaciones adquiridas en otros genes provocan que tengan la piel más clara.

El cerebro parece ser la gran excepción. Resulta que, en contra de todas las predicciones tanto científicas como esotéricas, el desarrollo cerebral no está literalmente conectado al genoma de cada individuo. De todos los órganos del cuerpo, el cerebro es el único en el que prevalecen como cruciales las interacciones ambientales, no genéticas. Los estímulos externos durante la infancia son esenciales para el desarrollo normal del cerebro, provocando efectos importantes en las conexiones desbaratadas o sintonizadas. Hasta hace bien poco, lo único que sabíamos del cerebro era su compartimentación en un hemisferio izquierdo, otro derecho y un cierto sentido para descubrir sin saber muy bien por qué, de repente, la capacidad insólita para dar con la solución gracias a la gestión aprendida de la complejidad.

Como me recordaba un gran neurólogo y amigo de la Universidad de Nueva York, somos exactamente lo opuesto de los crustáceos, salvo del cuello para arriba. Ellos tienen el esqueleto por fuera y la carne por dentro, mientras que nosotros llevamos la carne por fuera y el esqueleto por dentro, excepto, claro está, de cuello para arriba. Del cuello para arriba somos idénticos a los crustáceos, y al estar el cerebro encerrado dentro, sin que nunca pudiéramos verlo, ha sido muy difícil conocerlo y desentrañar su comportamiento.

Es curioso, no obstante, que no podamos descartar, sino todo lo contrario, las causas genéticas de enfermedades como la esquizofrenia, el autismo, la bipolaridad, las depresiones y hasta la dependencia alcohólica.

La sanidad en Estados Unidos, por mencionar el país al que el resto del mundo le supone menor generosidad en temas sanitarios, absorbe más de dos trillones de dólares. Y sólo una parte ínfima de esta cantidad se dedica a prevención, apoyo psicológico, dietética o terapia génica. *Casi todo el gasto va a curar enfermedades, de manera que en lugar de hablar de un sistema de salud, allí y aquí, sería más correcto hablar de un sistema para curar enfermedades.*

Básicamente, los homínidos —y en especial los que disfrutan de la Seguridad Social— utilizan los fármacos. Los pacientes los tragan sin parar, sin saber la mayoría de las veces lo que tragan. Los fármacos, como es obvio, tienen muchos inconvenientes: no se sabe cuándo surtirán efecto; a unas personas les van muy bien y a otras les van muy mal o no les hacen nada. Queda, además, el problema de los efectos secundarios, que nunca se pueden conocer con absoluta certeza. Por último, el periodo entre el inicio de la búsqueda del remedio adecuado y su administración al paciente supera de media los diez años, lo que por sí solo encarece sobremanera el producto.

Cuando se pregunta el porqué del plazo de tiempo insospechadamente largo del proceso de maduración de un fármaco, la respuesta puede incluir dos sospechas antitéticas: o bien la burocracia estatal y gremial es excesivamente rigurosa en las salvaguardias instauradas para evitar errores lamentables, o bien las barreras de entrada en el mercado son demasiado elevadas, sea por la propia naturaleza de los procesos de innovación en farmacología, sea por las complejas y sutiles relaciones entre el mundo farmacológico y los estamentos políticos; de manera que en los dos casos se darían incentivos suficientes para dar tiempo al tiempo y abandonar todo sesgo de premura.

Sea cual fuere la razón decisiva de la parsimonia que preside la elaboración de los fármacos nuevos, razones de todo tipo fruto de las presiones tecnológicas y sociales permiten anticipar una reducción drástica del proceso de maduración. En la época de las redes sociales y la consiguiente instantaneidad entre la toma de decisiones y su impacto, sería inimaginable que persistieran las demoras apuntadas.

La irrupción progresiva del cuidado psicológico de la gente nos revela ahora que puede ser mucho mejor una amiga o un amigo que un fármaco. Diversos experimentos efectuados en campus universitarios de Estados Unidos han demostrado sobradamente la influencia del ánimo en la conducta humana. Mucho antes de que el psicólogo Martin Seligman, de la Universidad de Harvard, Massachusetts, descubriera la psicología positiva, se había podido demostrar que dos colectivos de estudiantes diferentes interpretaban de modo distinto una fotografía con los gestos de una pareja de actores, en función de si la película que habían visto poco antes era de terror o una comedia.

La utilización de las nuevas tecnologías y terapias provocarán cambios insospechados en la forma de vida de las comunidades de potenciales pacientes. El éxodo de los fármacos hacia las células y la terapia génica será un puntal de la vida cotidiana en el futuro, pero no el único, ni mucho menos.

El cuidado personalizado

¿Alguien ha pensado en el aspecto de las muchedumbres del futuro inmediato, cuando se hayan enraizado las técnicas modernas de nutrición orientadas al cuidado de la dieta? Uno de los grandes principios recientemente elaborados ha sido la constatación de que la salud física es, en promedio, un requisito indispensable de la salud mental. La buena nueva ya visible se puede comprobar en el contagio paulatino de la práctica del ejercicio físico en nuestras ciudades y playas, y en el mantenimiento de una dieta saludable. Son dos puntales de las políticas de prevención en las que hasta ahora no se gastaba nada o casi nada.

Hace más de diez años, uno de los investigadores más prestigiosos del mundo, especializado en nutrición, me recordó, en Boston, que el cuidado de la dieta —unido al ejercicio físico— era la vía más directa para garantizar una buena salud. Es una cuestión de educación; si se exceptúan los contados casos en los que los genes son los responsables de la obesidad, las medidas de apoyo psicológico a grandes colectivos, sustitutivas de dosis farmacológicas, acelerarán el paso del tedio y malestar actual al esplendor del mañana.

Tampoco hemos parado mientes en desarrollar los beneficios implícitos en la gestión de las relaciones humanas. Ya no digamos en la gestión emocional de la tristeza o la soledad. Ahora se está descubriendo que un poco de tristeza ayuda a permanecer en estado de alerta frente a contratiempos inesperados. No demasiada, pero sí un poco. En cuando a la soledad, siempre la habíamos tratado como un añadido de la depresión, que era lo que importaba tratar; resulta que —como se explica en el capítulo 8— es falso, y que la soledad por sí sola tiene sustantividad propia y requiere un trato diferenciado.

El aprendizaje social y emocional, sobre todo las nuevas competencias que comporta, constituirá la gran revolución de los próximos años. En definitiva, el vuelco previsible en las políticas de prevención configurará un mundo en el que los índices de violencia habrán disminuido y, en paralelo, los de altruismo habrán aumentado.

Lo anterior se lo debemos a experimentos que han podido comprobar que el pensamiento racional es irrisorio. La intuición es una fuente de conocimiento no menos válida que la razón. Las neuronas deciden diez segundos antes de que nosotros tomemos una decisión que nos parece nueva y consciente. Resulta que estamos programados, cierto, pero para ser únicos. Podemos, ni más ni menos, cambiar la mente de las personas.

Gracias a un experimento realizado a lo largo de veinte años en la Universidad de Columbia, sabemos ahora cuál es el momento crítico para impulsar esos cambios mediante I+D. Me refiero al periodo escolar de la educación primaria. De todo ello hablaremos con mayor detalle en el capítulo 5, al especificar los fundamentos del optimismo.

En 1927, el científico y humanista Julian Huxley, hermano del escritor Aldous Huxley —autor de la distopía *Un mundo feliz*— y primer director de la UNESCO, publicó el provocador libro titulado *Religion Without Revelation* (*Religión sin revelación* fue también el título de la traducción al español), donde aparece por primera vez la idea de transhumanismo, que califica de la más peligrosa del mundo. «La especie humana puede, si así lo quiere, trascenderse a sí misma no sólo esporádicamente, de manera individualizada aquí y de otra forma en otro lugar, sino en su totalidad como humanidad. Tenemos que encontrarle un nombre a esta nueva creencia», afirmaba Julian Huxley.

Setenta y cinco años más tarde otro científico, Aubrey de Grey, biogerontólogo, mucho más cuestionado que Julian Huxley, reinventó el concepto de transhumanismo añadiéndole no sólo la certidumbre de prolongar la vida de modo casi indefinido, sino también la de hacerla más saludable, convirtiéndola en algo mejor y distinto.

Las elucubraciones de Aubrey de Grey siguen sin irrumpir en el ámbito de la ciencia por no estar comprobadas, pero es difícil negar que se ha creado una situación nueva que plantea ya cuestiones profundas de orden social y filosófico. Es perfectamente previsible que los humanos se morirán mucho más tarde y en mejor estado de salud de lo que se morían antes. No es lógico que los partidos políticos y los Estados apenas se hayan dignado prever las consecuencias y soluciones de algo que afecta ya a la mayoría de la población.

En el futuro, los cuerpos humanos interesarán no sólo cuando manifiesten ciertos defectos o enfermedades, sino como objetos de atención y estudio para mejorar su adaptabilidad al ambiente elegido utilizando distintas terapias. Los avances tecnológicos permiten ya centrar los cuidados de la gente en la medicina preventiva, sin incurrir todavía en los costes abusivos que, hoy por hoy, genera la medicina personalizada del futuro a la que dedicaremos el último capítulo de este libro. Allí hablaremos de cuáles serán las características concretas de los futuros cambios sociales respecto a la salud. Bastará aquí, de la mano de Joan Sabater Tobella, especialista europeo en química clínica y laboratorio de medicina, apuntar a los motivos que podrían paralizar o activar en el futuro la gran revolución esperada.

El ADN codifica la síntesis de todas las estructuras biológicas que forman nuestro cuerpo y regulan toda su actividad vital. Sabíamos que importantes alteraciones en este genoma eran la causa de las llamadas «enfermedades genéticas», y a medida que descubrimos los secretos de nuestro genoma nos cuentan desde el prestigioso Instituto Nacional de Investigación del Genoma Humano (NHGRI) de Estados Unidos que prácticamente todas nuestras enfermedades tienen un componente genético. Se empezó diciendo que había registradas unas 2.900, aunque deben de ser muchas más, puesto que otras fuentes estiman entre 6.000 y 10.000 las causadas por defectos en un solo gen.

Nuestro ADN del genoma está formado por la friolera de 3.200 millones de nucleótidos, de cuatro tipos distintos (Adenina, Timina, Citosina y Guanina) que se alternan en la secuencia sin un orden aparente. Esta información por sí sola sirve para bien poco, pero el acuerdo es generalizado en el sentido de que, debidamente potenciada, se iniciará con ello la nueva forma de hacer medicina. Se abrirá la puerta del siglo XXI a la medicina genómica.

¿Qué es lo que podemos hacer con esta herramienta? Se ha visto que dos personas no parientes, cuando se estudia el orden en el que están sus bases en esta cadena de 3.200 millones de pares, difieren apenas en un 0,1 por ciento. Es decir, que los humanos tenemos el genoma prácticamente igual, como corresponde a una misma especie animal —del chimpancé nos diferenciamos en un 1 por ciento, y de nuestra amiga la esponja *Amphimedon queenslandica* en un 30 por ciento—, pero la realidad es que yo con mi vecino, o con mi pareja, me diferencio nada menos que en unos tres millones de pares de bases… Casi nada.

Fue una casualidad, pero unas pocas semanas antes de mi larga conversación con el doctor Joan Sabater Tobella, en su casa de Sant Pol, en el Maresme, cerca de Barcelona, capté un recuerdo insólito que no olvidaré nunca.

Todo empezó con dos sujetos que, en las horas finales del día, a punto de salir de un parque en plena ciudad, se toparon de pronto con una persona de espaldas, agachada

71

para abrocharse un zapato. La persona en cuestión personificaba la indefensión más absoluta, no por su condición —apenas podía identificársele, con la cabeza agachada, el torso entornado y el trasero al aire—, sino por su arriesgada postura.

De verdad que me gustaría saber por qué los unos corrían, los otros se morían de la risa, los demás se tapaban el rostro para que no les reconocieran en situación tan extraña y los otros, en cambio, a duras penas podían resistir el dolor que emanaba de la persona brutal e injustamente atacada.

Se me ha olvidado contarle al lector lo que ocurrió cuando, literalmente, estaba a punto de dejar atrás el parque, pero ya pueden imaginarlo. La persona que agachada se estaba abrochando un zapato ofrecía sin saberlo como diana su trasero a cualquier desconsiderado que estimara aceptar la provocación involuntaria.

Efectivamente, la patada fue monumental e inevitable. Digo inevitable porque los dos chulos de paso querían dar la patada y el objetivo de la misma no podía prevenirla, porque ni le había pasado por la imaginación que alguien pudiera dársela. La sorpresa fue total y apoteósica; ni los árboles esperaban una agresión tan impúdica e inmerecida. Vi a un perro que salió corriendo en lugar de perseguir a los dos villanos. Pero lo que más me extrañó fue la variopinta reacción de los transeúntes sorprendidos por el aquelarre insólito.

¿Por qué reaccionaron todos de forma tan distinta ante el hecho singular de la coz prodigada? En términos porcentuales del genoma, nuestras diferencias son mínimas, pero si comparamos las famosas bases que conforman nuestro código genético, somos muy distintos unos de otros. Los hay que pueden dar una patada en el trasero de una persona desprevenida, otros que se mueren de la risa viendo el espectáculo, y otros, en fin, que comparten el dolor y la vergüenza con la persona agraviada.

Sólo varias semanas después, en Sant Pol, pensé que llegará el día en que, gracias al conocimiento genómico del que no disponen ahora las personas encargadas de velar por nosotros, conoceremos anticipadamente la manera en que van a reaccionar los protagonistas del drama a la salida del parque un atardecer cualquiera. Algunos pensarán para sí que es mejor no saberlo. No es mi caso.

Tal vez por ello se han podido seleccionar los cambios que se intuye que pueden tener una relación directa con la salud y se ha reducido al análisis a medio millón de variables en cada persona. Hoy estos estudios se hacen de forma automatizada con unos aparatos llamados secuenciadores y lo más complejo es interpretar las diferencias entre personas de este medio millón de cambios estudiados.

¿Cómo se investigan las bases genéticas de una enfermedad? Todo comienza con la lectura de la secuencia de ADN de aquellos genes de los que se sospecha que puedan tener una relación con la afección en cuestión, y a continuación se comparan las secuencias entre personas sanas y enfermas que posean las mismas características de sexo, edad o hábitos de vida. Entonces se analiza, mediante estudios epidemiológicos y estadísticos, si el hecho de poseer una determinada variación en el gen (mutación) confiere una determinada probabilidad de desarrollar la enfermedad. Como contaremos en el capítulo 14, este vínculo es relativamente fácil de establecer para aquellas enfermedades genéticas que dependen de un solo gen (monogénicas), como la enfermedad de Huntington, pero en otras muchas enfermedades que dependen de la interacción de varios genes, encontrar a todos los genes involucrados y asignar probabilidades y riesgos se hace muy complejo.

Richard Lifton, médico genetista del prestigioso Howard Hughes Medical Institute nos lo recuerda: «Actualmente, en genética somos bastante buenos para encontrar mutaciones en un gen que sabemos es causante de una enfermedad que se hereda entre los miembros de una misma familia, pero hasta ahora no hemos sido muy precisos para encontrar mutaciones que se presenten por primera vez en un niño afectado de padres que no están afectados. La capacidad para secuenciar no sólo unos pocos genes sospechosos, sino *todos* los genes de los individuos afectados, permitirá que se encuentren estas nuevas mutaciones y se las relacione con las enfermedades. Anticipamos que esto será importante en una gama de enfermedades tales como el autismo y las enfermedades cardíacas congénitas.»

¿Sirve, pues, el conocimiento del genoma para el fascinante panorama que se avecina y que describiremos en el capítulo 14? Claro está que la medicina genómica transformará la apariencia y esencia de la humanidad en los próximos 100.000 años, pero ¿cómo empieza a aplicarse ya y en qué consiste ahora, no dentro de 100.000 años?

Además de explorar al paciente con todos los protocolos de la medicina tradicional, se pueden hacer análisis de la estructura de su ADN que permitan establecer los riesgos que tiene de padecer un gran número de patologías y, con ello, se le podrán aconsejar hábitos de vida, complementos nutricionales o medicamentos que sirvan para prevenir o al menos retrasar dichas enfermedades. Muy poca gente es consciente de que, gracias a la nueva disciplina de la farmacogenética, está ya muy protocolizado descubrir si una persona tolera o no un determinado medicamento, calcular su impacto y hasta los efectos secundarios.

¿Qué nos reserva el futuro inmediato? En los próximos diez o veinte años los médicos asistenciales utilizarán los datos del genoma de sus pacientes para aplicar los protocolos diagnósticos y terapéuticos. Quizás el lector se pregunte ¿por qué tantos años, al menos para aplicar lo que ya conocemos hoy? Sencillamente, porque para los médicos asistenciales no hay todavía estructuras de formación de posgrado que los formen en estos conocimientos, y porque tampoco se enseña todavía en los currículums de las facultades de Medicina. ¿Por qué? Sencillamente, la sociedad está distraída. Lo incomprensible sigue siendo por qué las instituciones sociales y los gobiernos no se esfuerzan en colmar esa laguna. Es obvio que los grandes perjudicados son el paciente y la sanidad asistencial, que no se benefician de lo que la ciencia les puede ofrecer ya hoy.

Se producirá un cambio radical en la utilización de terapias, en gran parte en detrimento del uso de fármacos y a favor de terapias génicas; las cantidades irrisorias de dinero invertidas en este campo, así como la lentitud en los procesos de mejora son socialmente inaceptables. El recurso a un tipo de apoyo psicológico enraizado en las vinculaciones constatadas entre salud física y salud mental constituirá otra de las características de las terapias futuras.

Otra constante de la medicina personalizada serán las mediciones precisas, por primera vez desde los asentamientos agrarios de hace 12.000 años, de las dosis nutritivas que pongan término a la falta escandalosa de cuidados de la dieta. Y, por encima de todo, la irrupción inaplazable de las políticas de prevención, una vez consumadas las inevitables generalizaciones de las prestaciones médicas; esas prestaciones conducen al colapso del sistema si no se introducen, simultáneamente, las políticas de prevención apuntadas y las nuevas formas de hacer medicina.

Capítulo 4

Cuál es tu elemento y cómo controlarlo

El cambio más significativo en la asimilación gradual del optimismo, a medida que los ciudadanos se van percatando de que su contrario, el pesimismo, no responde a la realidad, ha sido la constatación innegable de que el futuro no depende de los recursos mal distribuidos, sino de nuestra capacidad para profundizar en el conocimiento de las cosas.

Porque lo que trasciende el presente es nuestro conocimiento, y no la disponibilidad de recursos: «En el futuro, las fuentes de energía dependerán de nuestra capacidad de pensar y construir cosas, no de lo que extraigamos de la tierra.» Ésa fue la gran conclusión que pude compartir con el físico Steven Cowley, durante la conversación que mantuvimos en el Centro Culham para la Energía de Fu-

Eduardo Punset en el Centro Culham para la energía de fusión.

sión, en Abingdon (Reino Unido); él lo había visto antes y con mayor claridad que yo. Habían transcurrido más de 2.000 millones de años desde la gran proeza de las cianobacterias, al haber descubierto cómo aprovechar la luz del sol para producir energía química.

El conocimiento es más importante que la disponibilidad de recursos

Steven Cowley no tenía duda de que en el curso de los próximos cien años las tres únicas fuentes de energía a las que se recurriría no dependerían de los recursos naturales, sino del conocimiento. De la capacidad de crear la tecnología para acceder a ellas: la energía solar, la energía de fusión mediante la creación de centenares de pequeños soles esparcidos por el planeta y la energía nuclear de fisión cuando hiciera falta.

Siempre recuerdo, sobre todo cuando intento convencer a mis amigos funcionarios de que paren de quejarse de los presupuestos escatimados por falta de recursos, la anécdota de Einstein que me contó en 2007 el premio Nobel de Medicina Gerald Edelman. Es una de las ilustraciones más graciosas y verídicas que jamás he oído sobre el esplendor implícito del conocimiento y, al mismo tiempo, de la dificultad para descubrirlo.

Edelman empezaba siempre advirtiendo que hay que admirar el hecho de que el cerebro, en ciertos humanos, sea tan excepcional que permita que lleguemos a tener a personas como Einstein, el mayor pensador que hemos tenido. Es increíble lo que hizo en 1905, cuando escribió los cinco artículos, tres de los cuales revolucionaron el mundo.

Al parecer, un día el poeta francés Paul Valéry fue a verle y le dijo:

—Einstein, estoy pensando en escribir algo sobre la creatividad; dime, ¿tú cómo trabajas?

—Me levanto por las mañanas —le contestó— y me pongo los zapatos. No me pongo calcetines porque es algo muy complicado, y camino y pienso. Entonces ya se ha hecho la hora de comer y como un poco; intento pensar, pero para entonces ya estoy muy cansado y hago una siesta, y voy a navegar, y hago lo mismo cada día.

—Me imagino que tendrás una libreta donde haces tus anotaciones —apostilló Valéry.

—¿Para qué? —le replicó Einstein.

—Para apuntar las buenas ideas —fue la respuesta del francés.

—Normalmente no tengo muchas —contestó Einstein—, y cuando tengo una no te preocupes que no la olvido.

La gente es consciente de que la fusión nuclear producirá energía a muy bajo coste, porque es prácticamente inagotable, y de que la energía así producida no será contaminante —nada de emisiones de dióxido de carbono a la atmósfera—, pero no acepta fácilmente que en otros ámbitos de la vida tampoco dependerá de ningún recurso natural, sino únicamente del conocimiento. A los propios investigadores del sector público les cuesta admitir que la sabiduría, el esfuerzo intelectual, son preferibles a la disponibilidad de recursos; lo importante para ellos es que no falle el presupuesto, lo secundario es disponer del conocimiento necesario. Ésa es la manera actual de pensar.

Dentro de unos años tendremos el claro ejemplo de la fusión nuclear para sugerir lo contrario pero, entretanto, nadie considera que el conocimiento sea determinante de cualquier proceso y que la disponibilidad de recursos es subsidiaria. Es otra forma de concebir el mundo, que corresponde al pasado. Para el físico Steven Cowley, el futuro será exactamente lo opuesto. Si todavía no se ha confinado el plasma caliente que requiere la fusión nuclear en una jaula de campos magnéticos no ha sido por falta de recursos, sino porque aún no se sabe hacerlo con precisión.

Todo consiste en acabar de saber cómo se puede evitar que el plasma se desborde. Es útil imaginar que se intenta contener el gas o gelatina con cuerdas. Se ponen dos cuerdas alrededor de la gelatina y se intenta aguantar; pero se retuerce la masa y si las cuerdas no están muy bien fijadas se derramará, produciendo una erupción.

«He consagrado mi vida a este trabajo. Quiero que funcione. No sabemos todavía el precio que tendrá; nuestro cometido es que sea barato, asequible, para que todo el mundo se lo pueda permitir…Y garantizar el futuro. Si no lo hacemos, nuestros nietos nos lo recriminarán. Habrá un día, en la década de 2020, en el que controlaremos la máquina. Ese día marcará un hito en la ciencia. ¡Y yo estaré ahí! Estaré ahí sentado mirando cómo actúa mi plasma», concluyó su reflexión Steven Cowley.

Recuerdo de aquella reflexión, no obstante, algo sólo en apariencia más banal: he aquí un científico nuclear de ahora anticipando el final de la era del ruido y el consumismo, o lo que es lo mismo, rememorando el mundo de hace 50.000 años. «Yo quisiera ciudades silenciosas en las que puedan escucharse las cosas. ¡Quiero una ciudad en la que pueda oírse el trinar de los pájaros!», susurró Cowley junto al plasma que empezaba a contenerse.

Es fascinante pensar que, aun siendo muy moderno, ese pensamiento viene de muy lejos. Los científicos como Iñaki Ruiz-Trillo, de la Universidad de Barcelona, están comprobando que los primeros organismos unicelulares cobijaron material genético que hasta ahora se había atribuido siempre a animales. Y no sólo eso: el futuro multicelular se construyó en la práctica en base a lo que ya se tenía, sin contar con ningún gran descubrimiento genético.

Los investigadores han buscado en el genoma de *Capsaspora* —un ser unicelular que, como explicamos en el capítulo 3, está en la línea evolutiva de los animales— un importante grupo de genes codificadores de proteínas llamadas factores de transcripción. Esos factores activan y desactivan otros genes, algunos de los cuales son vitales para convertir un huevo fertilizado en el cuerpo de un animal complejo. El doctor Ruiz-Trillo y sus colaboradores han informado de que *Capsaspora* posee ciertos factores de transcripción que hasta hace bien poco se consideraban exclusivos de los animales; descubrieron un gen en *Capsaspora* casi idéntico al gen animal *brachyury*. En los humanos y muchas otras especies de animales, el *brachyury* es esencial para que los embriones puedan desarrollarse, fabricando una capa celular que se convertirá luego en el esqueleto y los músculos. No se tiene ni idea de lo que el gen *brachyury* hace en *Capsaspora,* pero es maravilloso pensar que estos parientes unicelulares de los animales (y posibles ancestros) ya tenían un juego de herramientas genéticas preparado para crear los primeros animales.

Otros estudios apuntan en la misma dirección: genes considerados exclusivamente del reino animal estaban presentes en los antepasados unicelulares de los animales. Resulta que el origen de los animales dependía de genes que ya existían. Durante la transición a la categoría de animales en toda regla se cooptó a esos genes para que controlaran cuerpos multicelulares. Antiguos genes asumieron nuevas funciones y, por ejemplo, ciertas proteínas se utilizaron como un pegamento especial que además de inducir asociaciones intercelulares permitió el flujo de comunicación entre ellas. Realmente, casi todo estaba hecho hace setecientos millones de años. Salvo los presupuestos autorizando el gasto, por supuesto.

¿Cuál es tu elemento? ¿Cómo controlarlo?

Conocí a sir Ken Robinson en Los Ángeles, California. Su jovialidad no podía disfrazar un conocimiento exquisito en materia educativa.

Yo acababa de explorar en las playas cercanas a San Francisco lo que atraía a los enamorados del *surfing*: ¿cómo no enamorarse, desde fuera, de los atletas que dominaban el espacio, el agua y la tierra desde la cima de sus olas? Viéndoles lidiar con la belleza y el cansancio pensaba que, desde dentro, su elemento les debía parecer irresistible. El llamado elemento o dominio sintetizaba el afán por encontrar el flujo donde sumergirse y olvidarse del resto, salvo perfeccionar su conocimiento particular.

Robinson me recordó lo que habían sugerido Confucio primero y Mihály Csikszentmihályi después: si algo te apasiona, te encanta y encima se te da bien, nunca vuelves a trabajar, porque vives la vida que te corresponde vivir.

Ahora resulta que yo pienso lo mismo que Ken, Mihály y Confucio cuando les pongo cara de sorpresa a los realizadores o cámaras que trabajan en mi productora cuando me piden más tiempo para dedicar a su propia vida y no sólo al trabajo. «¿Para hacer qué?», les pregunto.

Los tres, Confucio, Ken Robinson y yo mismo, creemos que sería más creativo prodigar tanta pasión en el trabajo que ya no hiciera falta distraerse. Ése será otro rasgo del próximo siglo al que deberán adaptarse no sólo los re-

Si algo te apasiona, nunca vuelves a *trabajar*.

cién nacidos, sino también las instituciones que intentan modular el comportamiento social. Se trata del reaprendizaje de lo que es la creatividad, no sólo en el arte, sino en todos los aspectos de la vida.

¿Qué es lo que nos hace distintos del resto de los animales? Saber intuir, poder explicitar lo que piensan los demás. A eso se refiere Ken Robinson cuando habla de la necesidad de ser creativo. Pero en realidad, ésa es la segunda característica de cómo definen hoy los científicos la inteligencia: es la capacidad de representar mentalmente un escenario determinado, porque sólo ese poder de representación mental te permite configurar el pasado tanto como predecir el futuro. La primera condición de la inteligencia humana es, por supuesto, la flexibilidad necesaria para poder cambiar de opinión. No es correcto pensar, de nuevo, que la inteligencia nos distingue del resto de los animales; parece inútil e insólito persistir por la vía del error, buscando diferenciaciones utópicas de las que tarde o temprano nos tendremos que desdecir.

Es más fácil y cercano a la verdad admitir que existen humanos que no son flexibles, cuando otros animales lo son, o que la capacidad de representación mental mencionada la comparten a veces los dos. Está comprobado que la inteligencia no es el privilegio de un solo colectivo humano o de animales no humanos.

No es una coincidencia que la comprobación efectuada en el ámbito científico, en el sentido de que lo importante en el futuro será profundizar en el conocimiento —y no tanto disputarse los recursos disponibles—, arraigara, justamente, cuando las ideas que llegaban del mundo educativo —primordialmente las de Ken Robinson— abundaban en el mismo sentido.

¿Cuáles son las nuevas competencias que los jóvenes necesitan para encontrar trabajo, además de saber batallar con su elemento o de conocer los secretos del liderazgo y del aprendizaje emocional?

Basta con repasar todo lo que no se nos enseñó a mi generación, en cuya lista figura, en primer lugar, el trabajo en equipo, en vez de fustigarnos unos a otros sin piedad. ¿Cuántos directivos hemos encontrado que son particularmente reacios a dejar que los demás conozcan lo que ellos ya conocen, por miedo a perder influencia o poder? Yo recuerdo uno en particular, especialmente inteligente y resabiado, que guardaba archivo de todo lo que le acontecía, de cerca o de lejos, pero que jamás compartía estos datos con nadie; el archivo era su poder y cuando ponía un *e-mail* nunca enviaba copia a otro compañero de la empresa.

El desarrollo de la llamada inteligencia social, entretanto, ha puesto de manifiesto que no hay innovación sin multidisciplinariedad. En los países más avanzados abundan los proyectos llamados traslacionales —digo bien: traslacionales, y no transnacionales, como se empeña en corregir el ordenador—, que se caracterizan por acortar los plazos que van desde el momento en que se produce un descubrimiento hasta que alguien puede beneficiarse de ello.

Hoy nadie debería dudar de que son las interrelaciones entre investigadores, clínicos y pacientes las que están en la base de toda innovación. Como me dijo en una ocasión el premio Nobel de Medicina Sydney Brenner, «los que más me han enseñado fueron los que no sabían nada de lo mío».

Tener vocación para solventar los problemas con que uno se enfrenta en lugar de escudriñar constantemente sus propios intestinos. Los expertos norteamericanos llaman a lo primero *problem solving* y los comunistas en los años cincuenta —alguna herencia buena también nos dejaron, junto a todo lo malo a lo que no han renunciado todavía— aconsejaban preocuparse por todo lo que quedaba por construir fuera de uno mismo, dejando de mirar sus propios intestinos.

Menos contemplaciones y más interacciones

¿Alguien ha calculado las horas perdidas, que suman días y años en el caso de muchas personas, intentando saber si uno era bueno o malo en su interior, profundizando en el conocimiento de extraterrestres, de lo sobrenatural o del alma en lugar de ultimar con los demás un proyecto que beneficiara a todos? Sólo muy lentamente aceptamos que es conveniente contrastar y hasta sustituir las convicciones heredadas por las pruebas diagnosticadas por aquellos cuya especialidad consiste en saber lo que le pasa a la gente por dentro. Menos contemplaciones y más interacciones es el mundo que viene.

En España prevalece también —ocurre mucho menos en países con otras tradiciones religiosas como la calvinista— la manía de asentarse en la dicotomía que, supuestamente, separa el universo del trabajo de uno mismo. Incluso gente conocedora de su propia disciplina pide tiempo y horas para dedicarlo a lo que ellos llaman «a sí mismo»; consideran imprescindible para sobrevivir diferenciar netamente su vida de su trabajo, incluso cuando se sienten cómodos en él.

Es ésa una actitud que denota el concepto de castigo reflejado en el bíblico «ganarás el pan con el sudor de tu frente» o bien, lo que es mucho más remediable, el subproducto de un estado de cosas en el que no se ha puesto todo el esmero y conocimiento necesarios —sobre todo en el sistema educativo y en los esquemas de organización social— para que placer y trabajo coincidan plenamente. Menos tiempo reservado a uno mismo y más a los demás disfrutando igual. Ése es el mundo que viene. Se trata de aceptar a nivel conductual lo que la ciencia está descubriendo a nivel biológico: las supuestas divisiones entre reinos distintos ni son divisiones ni están separadas como se creía; eso es lo que ocurre, como se verá después, entre pensamiento consciente e inconsciente.

Como he sugerido en otras ocasiones, digan lo que digan los directamente interesados, el problema es de fácil comprensión: los sistemas educativos no han cambiado en los últimos cien años. Ya no digamos el aprendizaje emocional, que no se quiso ni siquiera plantear. Ese sistema daba, mal que bien, trabajo a la gente de mi generación y no se lo da a los jóvenes de ahora, que arrojan tasas de desempleo cercanas al 50 por ciento. Para corregir ese desaguisado social habría que difundir en las escuelas y corporaciones las nuevas competencias que demanda la sociedad de ahora y que no eran imprescindibles antes.

He sugerido algunas veces que habrá que penetrar en los secretos del liderazgo, entendido como la capacidad de empatizar con los demás; saber ponerse en su sitio. Los científicos italianos que analizaron el papel de las neuronas espejo en los grandes simios y en los humanos demostraron sobradamente que, mediante la imitación, ellos y nosotros aprendimos a ponernos en el lugar del otro. Es más, la neurología moderna ha establecido que los que de verdad son incapaces de hacerlo son los psicópatas; ellos no sienten, no les duele el estómago como a los demás.

El liderazgo comporta también un cierto carisma para infundir a los demás el convencimiento de que vale la pena intentarlo. ¿Cómo se puede hacer aflorar la visibilidad de ese carisma cuando exista? Y es preciso que exista cuando se quiera extender el liderazgo. En contra de la opinión más generalizada, el liderazgo es siempre fruto de una idea que fascina al resto y que defiende el individuo, o colectivo, que persigue liderar un proyecto.

El carisma no lo da la estatura ni el dinero, sino el recuerdo mental alojado en la memoria a largo plazo. Un rostro bello —es bello cuando no aparenta dolor— llama la atención y predispone para canalizar un pensamiento, pero es imprescindible el pensamiento en cuestión. La felicidad es la ausencia del miedo, pero hace falta un determinado mecanismo neuronal para que, en su lugar, se aposente la fascinación o el embrujo.

Que yo recuerde nadie me enseñó en la escuela los soportes del liderazgo; tuve que aprenderlos en la calle o aceptar mi ignorancia al respecto. Antes no importaba demasiado. Ahora a los jóvenes les resulta imprescindible para encontrar trabajo.

Algo parecido ocurre cuando alguien quiere asentar su vida en el mundo de la cultura. ¿Hemos enseñado a los jóvenes, mediante la práctica de talleres, a familiarizarse con los ritos sociales o el aprendizaje de la democracia para zambullirse en el mundo de la cultura? Claro está que los ritos cambian con el tiempo, pero más lentamente de lo que muchos creen. Prueba de ello fueron las multitudes expectantes durante la última visita papal o las colas en las rebajas posnavideñas de los grandes almacenes, o las muestras de machismo inveterado en la vida de las parejas. Para poder predecir, desde los resortes de la cultura, el futuro de los niveles de violencia en las sociedades del mañana, hace falta estudiar todo lo anterior y, además, la arqueología de las emociones.

Nadie nos ha enseñado nada sobre el secreto del liderazgo ni de los resortes íntimos que, desde la cultura adquirida, mueven a las gentes, como los ritos sociales o la democracia. ¿Por qué, a propósito de esta última, no se menciona nunca a los niños que hay dos tipos de cultura divergentes en los humanos: la minoría que se siente agraviada cuando el poder del Estado invade sus derechos individuales, por una parte, y la mayoría que sólo se mueve cuando constata la injusticia social, por otra? ¿Y que los españoles pertenecemos claramente a la segunda?

La estrategia indispensable para profundizar en la realidad

Ha costado horrores pero, por fin, se está rompiendo la jerarquización de las competencias en función de su utilidad aparente en la sociedad surgida de la revolución industrial. Como han puesto de manifiesto los mejores educandos del mundo, se han desperdiciado ingentes cantidades de creatividad por haber, erróneamente, jerarquizado las distintas habilidades por el siguiente orden: lengua, matemáticas, ciencias, humanidades como la geografía, estudios sociales, filosofía, habilidades artísticas como la pintura y, en último lugar, competencias injustamente relegadas en la estructura de las artes como la danza.

Ahora bien, la danza, justamente, es un claro ejemplo de las competencias cuya postergación —como señala Ken Robinson— más ha incidido en mermar la creatividad necesaria para cualquier empeño; esa creatividad exige un tesón mental que es preciso añadir a cualquier competición que exija, en primera instancia, el conocimiento de las leyes físicas que la perfilan y, en segunda, aquellas competencias de orden mental que permitan superar los esfuerzos ordinarios. En el caso de la danza, dicha competencia enseña a menospreciar o incluso a olvidar el dolor muscular alimentado por los tendones afectados por el ejercicio, incluidas las pequeñas heridas e inflamaciones producidas en los pies por dicho arte.

La creatividad figura, pues, entre las primeras competencias que será preciso incluir en el conglomerado de aprendizajes absolutamente necesarios para que descienda la tasa de paro juvenil. Es muy importante visualizar y apreciar los contenidos de esas competencias: aprender, en primer lugar, a concentrarse sin equivocarse en el objetivo de esa capacidad de reflexión centrada en la creatividad; la mayoría de las veces, cuando los observadores critican la supuesta falta de atención de los alumnos se están quejando de que no les hagan caso a ellos: «*Mom, it is not an attention deficit, it is that I am not interested*», rezaba la camiseta de uno de los alumnos del conocido experto en educación Marc Prensky. La focalización de la aten-

Los estudiantes están en otro rollo.

ción sólo puede darse cuando se está profundizando en las competencias que son relevantes para el mundo de hoy, que es muy distinto del de ayer. Esa focalización en temas modernos, sin embargo, puede efectuarse recurriendo a técnicas muy antiguas pero probadas, como el yoga o demás prácticas budistas.

El mundo digital que está creciendo a velocidades insospechadas es muy distinto del habitual de aquellos que debieron emigrar, mal que bien, a regañadientes, con gran esfuerzo, a ese mundo. Pero en el pasado quedaron técnicas adecuadas para resolver problemas nuevos, de ahí que no sea extraño contemplar esfuerzos conjuntos de los especialistas más reconocidos en gestión emocional con monjes practicantes del budismo como el propio Dalai Lama.

Es distinto, por ejemplo, el diseño arquitectónico de los espacios concebidos para el aprendizaje de las nuevas tecnologías de comunicación: arquitectos, profesionales del diseño y expertos educativos están obligados a instrumentar el llamado aprendizaje asociativo, que constituye una de las competencias distintas e indispensables de la nueva educación. Al confesarme Sidney Brenner que los que más le enseñaron sobre su propia disciplina eran los que no sabían nada de lo suyo evidenciaba que se había percatado de la importancia de lo que años más tarde los educandos calificarían primero de multidisciplinariedad, y después, con mayor precisión y menos altisonancia, de aprendizaje asociativo.

Se trata de aprovechar en su propio elemento o materia aquellas conclusiones que, formando parte de otras disciplinas, tienen relevancia para el conocimiento que uno persigue. En el Instituto Químico de Sarriá, de la Universidad Ramon Llull de Barcelona, estuve durante años impartiendo una clase titulada Ciencia, Tecnología y Sociedad, porque los académicos norteamericanos, cuya acreditación internacional buscaba y logró el Instituto, la impusieron como medio de romper la uniformidad o especialización excesiva de los químicos y economistas de empresa.

Se ha hecho alusión, al enumerar las nuevas competencias imprescindibles para que los jóvenes de hoy, formados en un sistema educativo de ayer, encuentren trabajo, a lo siguiente:

- el don y la práctica de la creatividad, en primer lugar,
- la capacidad de concentración después y,
- el aprendizaje asociativo, luego.

Quedan por enumerar competencias nuevas como las tecnologías digitales para relacionarse con los demás; sensibilizar al mundo corporativo, conectándolo con la realidad y con el entorno de los nativos digitales; ahondar en el pensamiento crítico como método de análisis; centrarse en solventar problemas en lugar de crearlos; potenciar el trabajo en equipo de orden cooperativo y no sólo competitivo; desarrollar el sentido de la responsabilidad social, que no puede lograrse sin reflexionar sobre la capacidad individual de empatía, así como los otros requisitos del liderazgo; uso pedagógico de los videojuegos comerciales y personalizados para aprender a pronosticar.

Por último, el aprendizaje social y emocional, la más necesaria y compleja de todas las competencias nuevas que afectan directamente —aunque se haya pretendido ignorar desde siempre— al equilibrio sentimental de la pareja; a la educación primaria y secundaria; al liderazgo y funcionamiento real de la vida corporativa; al entramado, en definitiva, de la vida social.

Estamos rodeados por personas que supeditan su conducta al dictado de los dogmas que les embargan, y no al análisis de la realidad. Ya sea el racismo, el machismo, las convicciones ideológicas, religiosas o el legado cultural del reducto que le cultivó, incluso y sobre todo cuando lo que hereda es incultura, determinan su conducta.

Hay gente aparentemente racional que se convierte en agente de malos tratos por diferencias de sexo; les cuesta mucho más admitir los resultados de experimentos comprobados, que apuntan a la permanencia de un cierto infantilismo durante toda la vida del macho en comparación con la hembra, que hacer suya la convicción de que la mujer, los hijos y hasta los animales domésticos no son propios.

¿Cómo es posible que, en contra de lo que se apuntaba en el capítulo 2, alegatos desmentidos por el método científico, como el carácter universal de la crisis, puedan reafirmarse una vez tras otra, no sólo por los medios, sino por los políticos de más renombre? Es más fácil creerse que todos los desvaríos son el fruto de la crisis que afectó a un banco mediano de valores en Estados Unidos que al resultado dictado por el análisis estratégico de lo ocurrido.

Sólo resignándose ante el hecho de que el imperio de lo sobrenatural es muy superior a lo que se cree o de que frente a una amenaza que atenta a la supervivencia de uno mismo está justificado lanzar el grito de «¡toca madera!», puede uno aceptar de buen grado la utilización del lenguaje para mantener los más grandes sinsentidos.

En términos lógicos y comprensibles, hace menos de

setenta años los científicos John von Neumann y Oskar Morgenstern enseñaron a la gente a dilucidar su interés sin violentar el de los demás; se trataba de la teoría llamada del Juego Cooperativo. Unos pocos años después, el matemático John Nash, premio Nobel de Economía, adelantó sus ideas algo más realistas al vaticinar que las personas fundamentalmente pesimistas no podían descartarse a la hora de intuir las respuestas de los colectivos humanos. Si se quiere predecir acertadamente, no siempre entra en juego el espíritu de cooperación.

En el manual para no equivocarse en la vida, como se anticipaba en el prólogo de este libro, figuran escalas del tiempo y productos dispares que es preciso conciliar. En primer lugar, el principio de que todo el mundo —desde santa Teresa hasta el último terrorista— se puede comportar racionalmente. En segundo lugar, la experiencia sugiere que el lenguaje constituye un mecanismo para confundir en igual medida que para entenderse. Es paradójico, por último, que hayan confluido en el tiempo las tres visiones: la cooperativa, la racional y la emotiva.

A la aplicación del método científico le debemos tanto haber contado con la búsqueda de la estrategia que ha presidido el juego cooperativo como la racionalidad que no se ha querido ni debido negar a los procesos mentales de los colectivos humanos, así como la admisión de que no existe un proyecto humano que no parta de la emoción. El mundo es, a la vez, más sencillo y complejo de lo que se creía, dado que su significado subyace en las interacciones de núcleos o conocimientos dispares. Las fuentes del conocimiento pueden ser, indistintamente, la persecución de la estrategia para sobrevivir, la racionalidad llevada a sus extremos para garantizar el éxito individual y los flujos emocionales responsables, en gran medida, de las decisiones tomadas.

Capítulo 5

Lo que sabemos ahora de la intuición

Los tres descubrimientos
que han transformado el mundo

No tendría nada de extraño que si en una encuesta planetaria se preguntara a una muestra representativa de la población cuál o cuáles han sido los tres descubrimientos que más han contribuido a transformar la vida de la gente, obtuviésemos las siguientes respuestas:

- La fabricación de ordenadores portátiles, en la que no creía ni el presidente de la corporación mundial que diseñó los grandes ordenadores corporativos. Gracias a los ordenadores se pudo contar con el canal adecuado para comunicarse luego masivamente en Internet y dar cauce, posteriormente, a las redes sociales —potenciadas por su accesibilidad desde los teléfonos móviles— y haber hecho de ellas lo que realmente nos distingue del resto de animales, según los más reconocidos neurólogos.

- En los países más desarrollados está aumentando la esperanza de vida dos años y medio cada década. El predominio de los mayores ya es una realidad en numerosos países y lo será pronto en todo el mundo. Por eso, no sería extraño constatar que el segundo descubrimiento en importancia identificado en la encuesta planetaria que antes planteábamos fuera la Viagra, cuya patente está en manos de la empresa farmacéutica Pfizer. Más de la mitad de la población de hombres entre cuarenta y setenta años sufre disfunción eréctil. La otra gran obsesión sanitaria del hombre moderno ahora satisfecha ha sido disponer, mediante las técnicas del PET (Tomografía por Emisión de Positrones) y el TAC (Tomografía Axial Computarizada), de un medio para diagnosticar lo que le pasa por dentro, algo que, por cierto, está lejos de haberse conseguido con el Alzheimer.

- El tercer descubrimiento que, con toda probabilidad, figuraría en la encuesta, sería el sentimiento creciente de que deberíamos anticipar las medidas necesarias para protegernos del cambio climático y, en términos más generales, velar por el medio ambiente. La teoría Gaia de James Lovelock, la idea de que nuestro planeta es un organismo vivo que se autorregula, ha cambiado nuestra manera de ver el mundo y lo que le afecta.

En definitiva, esta hipotética encuesta representativa de los artefactos considerados esenciales para la vida moderna podría muy bien incluir en primer lugar los ordenadores portátiles y el mundo digital anejo; la expansión de la medicina personalizada en segundo lugar, y, por último, la idea del gran científico James Lovelock de que nuestro planeta es un sistema vivo que está ahora en peligro.

Y sin embargo la realidad es muy distinta. Nadie puede negar la importancia de los descubrimientos mencionados, pero en el curso de los últimos años se han efectuado tres experimentos que simbolizan como ningún otro la irrupción de la ciencia en la cultura popular y que están ya transformando la forma de comportarse y de pensar de la gente. Los tres experimentos se realizaron, primero, con una muestra representativa de los taxistas de Londres; después, con niñas y niños de cuatro a trece años en un estudio dirigido por el afamado psicólogo Walter Mischel y, finalmente, a través de las investigaciones dirigidas por el psicólogo John Bargh, de la Universidad de Yale.

El estudio efectuado con los taxistas londinenses demostró que los ejercicios para memorizar el callejero de la ciudad —algo indispensable para aprobar el examen para su titulación— mejoraban la estructura cerebral de los circuitos dedicados a la memoria. A raíz de ese experimento se pudo llegar a afirmar «que estamos programados, pero para ser únicos», con lo que se zanja el largo debate entre los partidarios de que la estructura genética y cerebral determina la conducta de las personas y aquellos que, por el contrario, atribuyen todo a la experiencia individual.

En la década de los sesenta, Walter Mischel, en el departamento de psicología de la Universidad de Standford, realizó un test para niños de cuatro años conocido por el nombre del «test de la golosina». Básicamente el estudio consistía en analizar el comportamiento y la capacidad de autocontrol de niños de corta edad sentados frente a una golosina durante 20 minutos, sin vigilancia, y con la promesa de una segunda como premio si eran capaces de no comerla. ¿Por qué es tan difícil sobrevalorar los resultados de dicho experimento? Como veremos, el test ha permitido extraer importantes conclusiones que han venido como anillo al dedo en la educación infantil y en el tratamiento de ciertos trastornos como el déficit de atención e hiperactividad, o el obsesivo-compulsivo.

Mientras que algunos niños no pudieron resistirse a la golosina, y dieron cuenta de ella en un tris tras, inesperadamente, otros pudieron sobreponerse a la tentación realizando verdaderos ejercicios de contención infantil como darse la vuelta para no ver el objeto del deseo o pegar un lambetazo al dulce dejándolo casi intacto para que la maestra no notara la perfidia latente del alumno.

Este sencillo experimento, estrechamente relacionado con la inteligencia emocional, demuestra la capacidad que tienen ya algunos peques para la automotivación, resistencia a la frustración o la capacidad para retrasar la gratificación. Pero además, constató la necesidad de sembrar sentimientos de seguridad y autoestima en el ánimo de aquellos niños que buscaron la gratificación instantánea, para que puedan lidiar en el futuro con las frustraciones propias del trato con la sociedad. Nada les exigirá tantos desvelos ni niveles tan elevados de seguridad en sí mismos como aceptar los retos que, indudablemente, les plantearán sus conciudadanos el día de mañana.

Cuarenta años después, Walter Mischel comprobó en un nuevo estudio realizado en la Universidad de Columbia, que aquellos niños, ya adultos, mantuvieron la misma capacidad de autocontrol ante un desafío similar. Los científicos concluyeron que a pesar de la plasticidad cerebral y el aprendizaje, el «test de la golosina» es predictivo de determinadas características del comportamiento, por lo que aquellos que de pequeños no aguantan y se comen la golosina, de adultos seguramente lo tendrán difícil para controlar angustias, frustraciones y actitudes compulsivas. Esto en sí es un dato interesante, pero lo es más la posibilidad para extraer claves que permitan gestionar nuestros sentimientos emocionales y ciertos trastornos del comportamiento. Por ejemplo, antes de abandonar el aula donde se quedaban solos el niño y la golosina, el educador aconsejaba a los pequeños que imaginasen que su objeto del deseo no era más que un caramelo de cartón. Ya que este simple truco ayudó a algunos niños a llevar a buen término la prueba, quizás también podría emplearse este tipo de mecanismos para que aquellas personas que padezcan trastornos compulsivos comiencen a desarrollar autocontrol.

La intuición es una fuente de conocimiento tan válida como la razón

Las investigaciones del psicólogo John Bargh han permitido probar que «la intuición es una fuente del conocimiento tan válida como la razón». Sólo una parte ínfima de la estructura cerebral se ocupa del consciente aprendido. El resto, que es casi todo, salvo la neocorteza cerebral, se ocupa del inconsciente intuitivo y emocional. Es el lenguaje de la manada para sobrevivir: el miedo, el despre-

El pensamiento necesita a los dos: al inconsciente y a la conciencia. Con John Bargh en Yale.

cio, la felicidad, la rabia, los instintos de fusión con otros organismos o de controlar la propia vida.

Es oportuno, para ilustrar esta afirmación, reproducir la entrevista que mantuvimos John Bargh y yo mismo. Se había preparado minuciosamente el *set-up* para la conversación que se iba a grabar en el propio despacho del entrevistado. Un cámara de origen venezolano, conocido y, en cierto modo querido, desde hacía muchos años —tal vez porque personificaba todo lo contrario de lo que yo pensaba—, cumplía las funciones también de realizador. Manejaba muy bien su cámara y se había esmerado para que el *background* elegido para el famoso psicólogo fuera la biblioteca, repleta de libros, detrás de su mesa de trabajo. El segundo cámara me focalizaba con un fondo menos atractivo; había recibido el encargo de impedir ruidos en el pasillo y, sobre todo, la entrada imprevista de algún estudiante o profesor despistado. Se dieron instrucciones para que todos apagaran sus móviles. «¡Silencio!», gritó el realizador y, luego, «¡Acción!», tras claquear las manos delante de la cámara.

En los instantes iniciales de la entrevista, Bargh explicó que la gente de la calle siempre había pensado que el inconsciente era algo muy útil para las pequeñas cosas, pero que en realidad para lo más complejo lo más necesario es la conciencia.

Nunca se nos ocurrió que sólo con el inconsciente pudiéramos llevar a cabo procesos cognitivos complejos. ¡Es una revolución! ¡Y no estoy seguro de que la gente de la calle ni yo mismo seamos realmente conscientes de eso!

John Bargh: No, no creo que lo hayan asumido todavía. Creo que sigue habiendo resistencia en nuestro propio campo, en la Psicología: ha sido necesario mucho tiempo para transmitir esta idea, porque siempre ha imperado la noción de que la conciencia iba primero, de que todo arrancaba en la conciencia y de que las cosas se tenían que hacer con conciencia, deliberadamente. La verdad comprobada, en cambio, nos dice que, con práctica, algunas de estas cosas se puedan hacer sin conciencia, como conducir un coche o, en el caso de los tenistas, moverse por la pista sin pensar... esto es así para cualquier cosa que se haya hecho muchas veces y se domine. Ahora la gente empieza a entender que, en realidad, el inconsciente fue lo que surgió primero en el tiempo evolutivo, hace muchos millones de años, y que la conciencia se desarrolló bastante más tarde en la historia de la evolución. Por tanto, hubo necesariamente muchos sistemas inconscientes útiles y adaptativos que guiaron nuestra conducta; de no ser por ellos, no habríamos sobrevivido tanto tiempo sin conciencia. Y estos sistemas guiaron adaptativamente nuestra conducta y nos permitieron sobrevivir y reproducirnos durante centenares de miles de años...

Eduardo Punset: ... de manera inconsciente.

J. B.: ¡Inconscientemente! ¡Sin conciencia! La conciencia llegó luego. Una de las conclusiones a las que estamos llegando es que, incluso en la persecución de objetivos conscientes, las motivaciones, las cosas que uno quiere, las evaluaciones, las preferencias, lo que a uno le gusta o no...

E. P.: ¿Debería casarme con ella o no?

J. B.: ¡Exacto! Todas estas decisiones se fundamentan y basan en la información del sistema inconsciente. Así que el inconsciente entra en juego y nos influye y, a menudo, nos aporta la respuesta a estas preguntas. Incluso cuando creemos que estamos haciendo algo conscientemente, con atención y conciencia, en realidad hemos llegado a la respuesta de un modo rápido mucho antes de lo que creemos.

Lo que fluía de aquella conversación rompía un buen número de tópicos y permitía comprender descubrimientos mucho más recientes e incontrovertibles, como que las neuronas deciden diez segundos antes de que lo hagan las personas observadas individualmente. Los cámaras que grababan la entrevista escuchaban con asombro creciente, señal inconfundible del interés de lo que estaba diciendo el entrevistado. Siempre pensé que rara vez era preciso recurrir al pensamiento racional para tomar una decisión, pero ¿qué querían decir con que las neuronas decidían por sí solas antes de que la conciencia se enterara de qué iba la película? Si el psicólogo entrevistado tenía razón, habría que reconsiderar, seguramente, el origen de situaciones de estrés crónico y tristeza explosiva, por ejemplo, a raíz de una situación que se había producido pero no decidido por nadie, sino por un núcleo de neuronas ajenas y desconocidas. Pero entonces ¿para qué se utiliza, para qué sirve la conciencia si durante casi toda la evolución se avanzó sin necesidad de la conciencia?

John Bargh: Es una pregunta maravillosa; de hecho, la misma con la que empecé a investigar hace treinta años. ¿Para qué sirve la conciencia? Porque, por aquel entonces, se atribuía a la conciencia el mérito de todo: se suponía que marcaba la diferencia entre nosotros y el resto de animales, que era la causante de la civilización. Que gracias a ella habíamos llegado a la Luna… ¡Que era la causa de todo! Y, a medida que avancé en la investigación, se demostró que no, que no se necesitaba para eso, ni para aquello, ni para lo de más allá. Así que, por descarte, se han ido reduciendo algunas de las muchas funciones que tenía la conciencia, ¡y ahora solamente quedan unas pocas! Al demostrar que hay muchas actividades complejas que se pueden realizar inconscientemente, van quedando solamente algunas que son mucho más viables como explicación de lo que hace la conciencia, que ya no se supone que lo hace todo. Ahora se le atribuyen sólo unas pocas cosas; pero son cosas fundamentales, importantísimas.

Eduardo Punset: ¿Y cuáles son estas pocas cosas? ¿Lo sabemos ahora?

J. B.: Lo maravilloso de todo esto es que, hasta hoy, hemos hablado sólo del presente. ¿Qué sucede con el pasado, qué sucede con el futuro? He aquí lo que se le da mejor a la conciencia: ¡viajar en el tiempo! Gracias a la conciencia, aunque nuestros sistemas inconscientes estén ocupados abordando el presente, el ahora, adaptativamente, nuestra mente tiene libertad para retomar el pasado y recordar lo que ha sucedido, o bien desplazarse al futuro y planear lo que haremos mañana, lo que prepararemos para cenar o el lugar al que iremos de vacaciones el sábado que viene; ¡la conciencia nos permite hacer planes para el futuro! Por tanto, como el inconsciente se ocupa tan bien de la situación actual y nos da buenas ideas sobre lo que tenemos que hacer, no hace falta pensar tanto y tenemos libertad para viajar en el tiempo con la mente... ¡y hacer cosas que el resto de animales no pueden hacer!

E. P.: ¡Pero hay que aprender a hacerlo! Vamos, remontarse al pasado o viajar al futuro, ¡no es una labor fácil!

J. B.: No, no lo es. ¡Los niños no pueden!

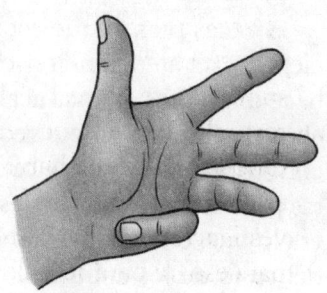

Tres dedos representando las dimensiones temporales, y el pulgar representando el tiempo pasado o futuro.

Pensé de inmediato en lo que había observado, precisamente eso, con mi nieta de cuatro años. Verla crecer me ha enseñado secretos de la psicología; ella no tiene la capacidad de forjar planes ni de hacer nada que no sea estar en el presente y en el ahora. Pero hacia los cuatro años de edad empieza a surgir esa capacidad, la ves desarrollarse; en ese punto, uno puede apartarse un poco del presente, dejar de estar tan condicionado por el ahora y empezar a pensar en el pasado y el futuro, a recordar. No es algo que los niños logren de repente, no es que empiecen a tener recuerdos desde el comienzo; de hecho, antes de los tres años ni yo mismo tengo ningún tipo de recuerdo y a todo el mundo le resulta muy difícil recordar cosas que nos ocurrieron antes de los cuatro años. Seguramente ha sido por eso que los niños necesitan tanto tiempo para aprender. En realidad ellos están inmersos en una especie de I+D todo incluido durante sus primeros diez años de vida.

John Bargh: Sí. Somos una especie muy mimada; muchos animales no pueden disfrutar de este lujo. Todo este tiempo fantástico para prepararse para la vida.

A veces pienso que esta especie de aprendizaje consciente, esta atención consciente a las cosas, es lo que nos hace diferentes. Nunca acabé de creer a mis amigos —muchos de ellos científicos reconocidos— cuando intentaban convencerme de que la capacidad de fabricar herramientas primero, el lenguaje después o el poder de abstracción era lo que, en última instancia, nos diferenciaba realmente del resto de los animales. Ahora bien, herramientas también se las he visto a los chimpancés, capacidad de comunicarse a los delfines, de abstracción a los cuervos de Nueva Caledonia. Tal vez no sea demasiado arriesgado sugerir ahora que la conciencia es lo que nos hizo únicos. El pensamiento consciente entendido no como la tentación de mirarnos nuestros intestinos, sino algo que nos permite comunicarnos entre nosotros y compartir información, colaborar.

John Bargh: Eso sí que no lo tiene ningún otro animal, ni siquiera nuestros parientes más cercanos: los simios, o chimpancés, o monos. Me refiero a la capacidad de colaborar, de hacer cosas como un equipo e intercambiar información y conocimientos complejos. Si yo tuviera que hacerlo todo partiendo de cero no tendría ni idea de por dónde empezar, no sabría nada de ciencia, ni de mecánica para fabricar un coche; si ahora mismo no existieran los coches, no sabría cómo hacerlos, pero tenemos este conjunto de conocimientos que podemos intercambiar, ¡las habilidades de todas las personas del mundo! Si no pudiéramos comunicarnos entre nosotros, compartir lo que sabemos y basarnos en eso, seríamos como cualquier otro animal en lo que se refiere a la civilización y la sociedad. Sin embargo, ésa parece ser la función de la conciencia: poder compartir información con los demás.

Es decir, el papel creador e innovador del intercambio de conocimientos, de los chismorreos, de las impresiones, de los gustos, de los estados anímicos, de las redes sociales en el seno de la manada. En el curso de la entrevista Bargh se había referido también a los antecedentes de la famosa Ruta de la Seda que unía Roma con Oriente, o la del Incienso, que acercaba el Mediterráneo a la India. Las rutas o redes sociales de entonces fueron gérmenes de las civilizaciones globalizadas del mundo actual; ahora bien, se tardaba siglos en que aquellos primeros contactos generaran una civilización distinta y compleja; pero ahora, gracias a las nuevas tecnologías de la comunicación, el impacto transformador de las redes sociales es universal e instantáneo. La diferencia con el resto de los animales era antes una pura cuestión de grado; ahora los humanos son, realmente, únicos gracias a las redes sociales.

Por qué se puede y se debe cambiar de opinión en tiempos de crisis

A mis nietas les recuerdo, de vez en cuando, que a lo largo de toda una vida se aprenden tres o cuatro cosas como máximo que vale la pena recordar; el resto es todo incierto o, cuando menos, no ha habido tiempo para comprobarlo. Cuando no se sabe la respuesta se buscan lo que yo llamo «respuestas conspirativas», como la CIA, *El Capital*, Dios o el Diablo.

En las voces y manifestaciones celebradas en las plazas españolas, en la primavera de 2011, para expresar la inquietud y descontento con la situación actual, se han podido constatar algunas sugerencias comprobadas.

La protesta no ha nacido desde dentro de las instituciones democráticas, sino desde fuera. Ha sido un toque de atención a los que están instalados dentro del sistema democrático por parte de unos ciudadanos que se sienten no sólo fuera, sino totalmente desatendidos. No está probado que absolutamente todas las exigencias ciudadanas estén cumplimentadas por el actual sistema de los partidos políticos. Muchas, muchísimas, no lo están.

El hecho de que ese toque de atención haya nacido y llegado desde fuera a los representantes democráticos instalados dentro del sistema obliga a respetar a los portavo-

La mayoría de reformas pedidas desde fuera son posibles: con los indignados de Oviedo el 25 de mayo de 2011.

ces originarios de la protesta y a evitar cualquier intento de suplantarlos. Por eso es un error pretender que sólo los políticos establecidos puedan dar cauce a exigencias que no quisieron atender previamente.

Tal vez valga la pena recordar que al embarcarse en la transición a la democracia a nadie sensato escapaba entonces el hecho de que algunas de las conquistas arrebatadas al pasado y a las fuerzas más reaccionarias del país —como la elección libre de los representantes del pueblo en las Cortes— estaban legítimamente menguadas o coartadas por motivos muy justificados; me refiero a la necesidad de reforzar la estructura organizativa y territorial de los partidos políticos diezmados por la dictadura franquista.

Había que reinventar, en la práctica, a los nuevos y frágiles estamentos políticos y la manera más sencilla de hacerlo era dar a sus comités de dirección el poder de llenar las listas electorales con sus nombres preferidos. A nadie escapaba que esta concesión necesaria no podía durar más de unos años antes de devolver a los ciudadanos el poder real de elegir ellos mismos a sus representantes. ¿Por qué no salió de los propios partidos políticos la reforma y hubo que esperar más de treinta años a que, desde fuera, se lo recordaran?

Sencillamente, el privilegio de sustituir a los ciudadanos a la hora de elegir a sus representantes, así como otras ventajas otorgadas mediante la financiación pública de las campañas electorales, extensivas a las organizaciones sindicales, les confería a los partidos políticos establecidos unas ventajas a las que resultaba muy difícil renunciar.

El mercado político disponía así de unas barreras de entrada infranqueables que barrían cualquier posibilidad de competencia e innovación. Lo más fácil era quedarse quietos y sobrevivir, aunque fuera sin innovar.

Hemos comprobado también en esta campaña espontánea la renuncia a la violencia como medio de obtener o consolidar cualquier demanda colectiva. Se desautorizó formalmente cualquier tipo de protesta que se saliera de la normalidad democrática. ¿Por qué? Es fácil entenderlo. España es uno de los pocos y grandes países europeos que ha sufrido en su carne el impacto cruel y desorbitado de una guerra civil. Es poco probable que países como Alemania quieran recurrir de nuevo a prácticas antisemitas mientras pervivan las huellas del holocausto que acabó con la vida de millones de judíos. Europa entera se unió bajo el lema de que «una cosa así jamás volverá a ocurrir».

Igual sucedió con la guerra civil española: jamás permitirían los españoles la repetición de una guerra fratricida y sin cuartel entre hijos de la misma nación. A los que no les dé miedo esgrimir el espanto de la amenaza de una guerra civil sucumbirán, sin duda, bajo el peso de un recuerdo que atenazó a varias generaciones de españoles. La primera sugerencia comprobada por el movimiento asambleario ha sido la libre elección de sus representantes en las Cortes y Asambleas autonómicas; la segunda ha sido el veto a la repetición de otra segunda guerra civil a la hora de dirimir las diferencias, cuando las haya, entre los españoles.

Aquella guerra civil estuvo en gran parte provocada por la división irredenta del país entre derechas e izquierdas; por ello, la tercera sugerencia aceptada por la gran mayoría de los que buscaron cobijo y debate en las grandes plazas fue superponer a esa división heredada entre derechas e izquierdas otras divisiones más modernas y significativas, como la de estar delante de las masas y los que permanecen detrás; los partidarios de garantizar la igualdad social frente a los defensores de los derechos individuales; los partidarios del derecho a modelar su propia vida biológica y mente frente a los que conceden a las interacciones heredadas una prioridad aplastante; entre los que otorgan casi todo el poder a la manada y aquellos a quienes basta la articulación de redes sociales con las que intercambiar conocimientos, genes y chismorreos.

Es preciso reformular los esquemas ideológicos precisos para analizar la nueva realidad; no sólo es insuficiente la vieja división entre derechas e izquierdas, sino que pasa por alto la complejidad y refinamiento de la vida moderna.

Capítulo 6

Si lo que importa es
el inconsciente,
¿para qué sirve la conciencia?

El grupo de investigadores de la Universidad de Amsterdam dirigido por Ap Dijksterhuis creía haber demostrado que si uno no quería equivocarse al tomar una decisión compleja era mejor no darle muchas vueltas y decidir a bote pronto. Por el contrario, al abordar problemas caseros o menores, debíamos dedicar algo de tiempo a razonar la solución. Exactamente lo contrario de lo que la mayoría de la gente habría supuesto.

El resultado de la investigación llamó la atención de la comunidad científica, ya que se publicó en una revista tan prestigiosa como *Science*, pero pocos lo tomaron en serio, salvo el premio Nobel de Economía y profesor de Princeton Daniel Kahneman, que afirmó: «Ese trabajo puede estimular nuevas investigaciones sobre los mecanismos de decisión.»

Nadie creía que el inconsciente importara

¿Qué habían ideado los investigadores de la Universidad de Amsterdam para demostrar algo que contradecía tanto las convicciones heredadas? Analizaron el tiempo y el caudal cognitivo dedicado a comprar un coche nuevo, algo que para la gran mayoría de nosotros puede suponer un buen quebradero de cabeza.

En un primer momento, la elección del mejor coche se

planteó como un problema de complejidad simple: para ello, pidieron a los voluntarios que leyesen descripciones muy sencillas de cuatro hipotéticos coches y que, después de dedicar unos breves minutos a reflexionar sobre cuál era el más idóneo, eligieran uno de ellos. Como uno de los coches tenía mejores prestaciones que los demás, fue elegido por la mayoría de los participantes. Sin embargo, cuando los investigadores complicaron la elección incrementando las características de cada coche, únicamente el 25 por ciento de los voluntarios identificó el mejor, un porcentaje que no es más elevado del que obtendríamos por azar. A continuación repitieron el mismo experimento con otro grupo de voluntarios, pero en esta ocasión, inmediatamente después de leer el listado de características de los automóviles, se les distrajo resolviendo puzles y anagramas durante un cierto tiempo. Entonces, sorprendentemente, más de la mitad del grupo identificó el mejor coche.

Esto sugiere que a la hora de tomar decisiones complejas es mejor no reflexionar demasiado, ya que se podría interferir con la decisión correcta. O sea, viene a decir Dijksterhuis, «al decidir, la deliberación consciente posee una reducida capacidad de análisis y puede llevar a las personas a tomar en cuenta sólo un conjunto irrelevante de información, mientras que el pensamiento inconsciente, o pensamiento sin atención, puede conducir a buenas elecciones». La verdad es que cuando estamos ante decisiones complejas, en las que entran un número elevado de consideraciones, difícilmente podemos ocuparnos simultáneamente de todas ellas. Y por lo tanto, ante la imposibilidad de medir los distintos impactos a la hora de tomar una decisión, la tendencia consiste en hacerlo sin hurgar demasiado en las profundidades del tema. De ahí que, según Dijksterhuis, uno tienda a recurrir al inconsciente para los temas complicados, como comprar un coche, y no le importe, en cambio, dedicar más esfuerzo consciente a la compra de algo para andar por casa.

A continuación los investigadores intentaron confirmar estos resultados en un escenario más real. Para el siguiente experimento un grupo de voluntarios compró accesorios de cocina en una tienda y otro grupo adquirió muebles en IKEA. Los investigadores interrogaron a los clientes acerca de cuánto tiempo dedicarían a decidir su compra; hay que señalar que un estudio piloto anterior había demostrado que los clientes dedicamos una mayor carga reflexiva al comprar muebles que al comprar simples accesorios de cocina, por ejemplo.

Unas semanas después se comprobó el grado de satisfacción de su elección. Los que habían dedicado más tiempo a estudiar las distintas ofertas en la tienda de accesorios de cocina estuvieron más satisfechos con su compra, evidencia de que el pensamiento consciente es bueno para aquellas decisiones que son simples. En cuanto a los clientes de IKEA, sucedió lo contrario: los más satisfechos fueron los que menos tiempo habían dedicado a pensarse los pros y contras de la compra.[1]

Lo fascinante de este caso es que, al poco tiempo, otro estudio no menos fundamentado sugirió exactamente lo contrario: que las decisiones tomadas por instinto no pueden, ni de lejos, sustituir al razonamiento consciente.[2]

Como dice el psicólogo Ben Newell, de la New South Wales University, «en el mejor de los casos, los titulares en los medios a favor de la intuición o el poder del inconsciente son engañosos; en el peor de los casos son, sencillamente, peligrosos. No hemos descubierto pruebas de la superioridad del inconsciente para tomar decisiones complejas. El pensamiento inconsciente es sensible a factores irrelevantes, en lugar de a la importancia del tema u objeto. Si a los que utilizan la conciencia se les da el tiempo que necesitan para codificar el material o para consultar fuentes, sus decisiones son, por lo menos, tan buenas como las decisiones inconscientes».

Recuerdo cuánto me costó aceptar lo contrario de lo que predicaba con demasiada ligereza, como que era bueno fiarse de la intuición a la hora de elegir pareja o universidad, algo que he dado por sentado siempre y en todas partes. Personas queridas me siguen parando en la calle para agradecerme que puedan de nuevo confiar en la intuición. La utilización de la palabra «de nuevo» es generosa en extremo, porque nunca se le había dejado a la gente dependiente de otros tomar decisiones en base a la pura intuición. ¿Qué pensaría ahora aquella mujer que, en el aeropuerto de Santiago, me mostraba su inexplicable agradecimiento porque yo le había devuelto, supuestamente, la fe que nunca le dejaron sus allegados aplicar en la intuición?

Afortunadamente para mi amiga del aeropuerto de Santiago, un tercer estudio ha puesto las cosas en su sitio. Tal vez valga la pena remontarse a lo que entendemos por intuición, o a lo que los neurólogos llaman con mayor propiedad «reconocimiento de memoria inconsciente o memoria implícita». ¿Quién no ha experimentado la sensación alguna vez de ser consciente de algo sin recordar cómo se aprendió?

Los psicólogos especializados en el inconsciente, como John Bargh, cuyo pensamiento los lectores han podido descifrar en la entrevista del capítulo anterior, han revelado por activa y por pasiva ese sentimiento insólito de haber entresacado del inconsciente información o datos que nunca depositamos en la memoria de manera consciente. Ahora sabemos que algunos procesos cognitivos extremadamente complejos se almacenan o traspasan al inconsciente —un ámbito mucho más potente espacial y neurológicamente que el lugar reservado en el cerebro al pensamiento consciente— sin que tengamos memoria de ello.

Se sabe desde hace cientos de años que nuestro cerebro puede reconocer y procesar sin que nosotros seamos conscientes de ello. Así, a lo largo del día realizamos numerosas acciones de manera automática, sin pensar intencionadamente sobre ello, ya que son procedimientos rutinarios que son parte de la memoria implícita. Por otro lado, está establecido por la comunidad científica que el recuerdo realizado mediante un esfuerzo consciente y deliberado se lleva a cabo mediante la memoria explícita. Parece, sin embargo, que la memoria implícita podría intervenir también en el reconocimiento visual, por lo que cabría esperar que nuestro subsconsciente nos ayudase a identificar cosas sin nuestro conocimiento.

Ken Paller, de la Universidad de Northwestern, y Joe Voss, de la Universidad Urbana-Champaign, en Illinois, decidieron investigar a fondo la influencia de la memoria implícita en los mecanismos de decisión utilizando tests de reconocimiento visual y electroencefalografía (EEG). Para ello, los investigadores pidieron a los voluntarios que recordasen unas imágenes caleidoscópicas bajo dos condiciones experimentales: sin distracciones, empleando total atención, o distraídos (su atención fue alterada mediante la realización de una determinada tarea). Paller y Voss nos cuentan que bajo la segunda condición los participantes no pudieron fijar las imágenes de manera precisa en su memoria. A continuación, después de unos minutos, se les pidió que tratasen de identificarlas entre un set de imágenes parecidas. Por último, al comunicar la respuesta, los participantes tuvieron que decir si la supieron de modo consciente o si tuvieron que adivinarla. Asimismo, durante el experimento se monitorizaron los potenciales cerebrales de los voluntarios mediante EEG.

Sorprendentemente, las respuestas fueron bastante más precisas cuando se adivinaron (condición con distracción) que cuando se basaron en memorias explícitas del estímulo visual (condición sin distracción), a pesar de que los sujetos del estudio dijeron experimentar una mayor confianza en su elección cuando pudieron prestar total atención. El estudio generó otro dato importante, y es que Paller y Voss detectaron, mediante EEG, patrones de ondas cerebrales espacial y temporalmente diferenciados según el reconocimiento fuese implícito o explícito, lo que indica que ambos tipos de memoria llevan asociados distintos mecanismos neuronales.[3]

¿Alguien sabe cuál es la función de la conciencia?

Lo que sugiere el estudio comentado es que cuando intentamos recordar algo sabemos más de lo que creemos saber, porque la memoria implícita —de cuya huella no somos conscientes— y la llamada intuición pueden estar jugando un papel más importante de lo que creíamos en los mecanismos de decisión.

Todo parece indicar que, en lugar de encontrarnos en un rellano que neutraliza el anterior, estamos aflorando un mundo nuevo en el que la mente inconsciente puede codificar recuerdos y generar memorias intuitivas, sin necesidad de que intervenga para nada la llamada mente consciente. De hecho, y ahí radica la gran novedad de lo que se está sugiriendo, la interferencia de la mente consciente puede obstaculizar el recuerdo. No tiene nada de extraño pensar que, en determinadas circunstancias, la decisión adoptada intuitivamente hubiera podido ser mejor, a no ser por la interferencia consciente de la memoria implícita.

Las instituciones establecidas y sus portavoces no tienen mayor inconveniente en aceptar —desde la óptica de las ciencias del comportamiento— que mucha gente a menudo se atiene de forma inconsciente a normas que no han sido tamizadas por su conciencia, siempre y cuando se hayan fijado por adelantado los objetivos conscientes de la acción o programa. De hecho, cuando decidimos trabajar en una tarea determinada, parece que esa decisión consciente es la primera y principal causa de nuestro comportamiento. En otras palabras, que la decisión de actuar dispara las propias acciones.

Los científicos Ruud Custers y Henk Aarts, del Departmento de Psicología de la Universidad de Utrecht, desafiaron este estatus casual de voluntad consciente y publicaron en la revista *Science* una revisión apasionante de datos y evidencias experimentales acerca de lo que han denominado como «voluntad inconsciente».[4] Avances recientes en este campo han demostrado que, bajo ciertas condiciones, iniciamos acciones aunque no seamos conscientes de los objetivos o de su efecto motivador en nuestro comportamiento. Pero ¿cómo es posible que la persecución de un objetivo pueda realizarse de modo inconsciente? Pueden caber pocas dudas de que estamos entrando aquí en postulados aferrados desde tiempo inmemorial en la mente de las personas. Como se verá luego, lo que se está cuestionando es la existencia de lo que se dio en llamar el libre albedrío.

Como explican los dos autores antes citados, como humanos que somos, «tenemos la certeza de que decidimos conscientemente lo que queremos hacer. Si queremos, podemos visualizarnos en diferentes lugares, en otros futuros o realizando cosas distintas a las que estamos haciendo en este momento. Sólo tenemos que tomar la decisión para hacerlo, y podremos ir al cine esta noche, bajar el perro o releer aquel libro». Parece claro que nuestro comportamiento tiene su origen en decisiones conscientes que se llevan a cabo para alcanzar ciertos objetivos y finalidades. Sin embargo, la investigación científica también sugiere lo contrario, y experimentalmente se ha podido demostrar (aunque todavía existe cierto escepticismo entre parte de la comunidad científica) que nuestro inconsciente ya estaba preparado para realizar una determinada acción antes de que la pensáramos de manera consciente.

El profesor John-Dylan Haynes, un neurocientífico del Centro Bernstein de Neurociencia Computacional de Berlín, a quien conocí personalmente y con el que estuve hablando de la consciencia, decidió investigar qué ocurre en el cerebro humano momentos antes de que se tome una decisión. En el estudio, los participantes tenían que presionar un botón con su mano derecha o su mano izquierda, y además lo podían hacer cuando quisiesen, pero tenían que memorizar en qué momento tomaron la decisión de presionarlo. Los científicos realizaron un descubrimiento asombroso: analizaron la actividad cerebral de estas personas mediante resonancia magnética funcional y pudieron predecir, con un 60 por ciento de precisión, cuál de las dos opciones iban a tomar —pulsar el botón de la izquierda o el de la derecha—, y además lo supieron siete segundos antes de que el individuo hubiera decidido pulsar uno o el otro. No siete segundos antes de que pulsaran el botón elegido, sino siete segundos antes de que tomasen la decisión consciente de cuál iban a escoger.[5] Parece que los cerebros de estas personas habían tomado la deci-

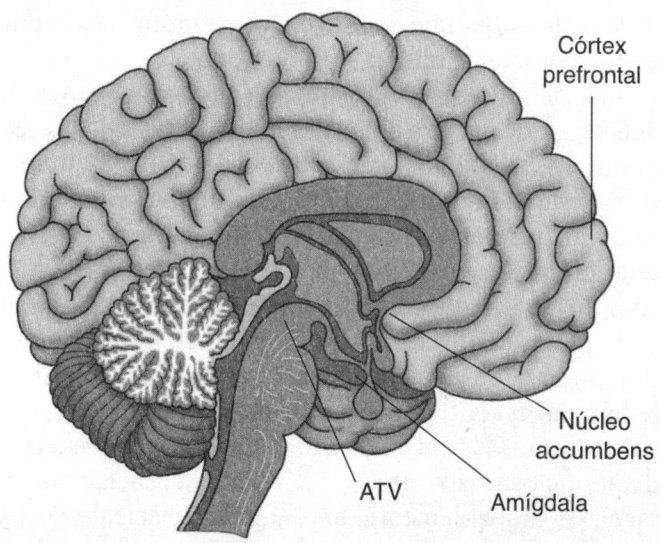

Córtex prefrontal

Núcleo accumbens

ATV

Amígdala

Cuando una persona realiza una actividad que le genera placer se activa el Área Tegmental Ventral (ATV). Ésta envía dopamina al núcleo accumbens, y las neuronas de esta área hacen sinapsis con la amígdala, donde se genera un recuerdo emocional, y el córtex prefrontal. Esta vía natural es un circuito presente en todos los mamíferos: si la actividad es placentera, los sistemas de recompensa la agregarán a los mecanismos conductuales.

sión mucho antes de que los individuos del estudio fuesen conscientes de haberla tomado.

El neurocirujano Itzhak Fried, de la Universidad de California y del Centro Médico de Tel Aviv, realizó unos estudios similares, pero en este caso la actividad cerebral fue registrada en células neuronales individuales mediante electrodos implantados en determinadas partes del cerebro. Gracias a este análisis, más preciso que el anterior, los investigadores pudieron predecir la decisión consciente de presionar el botón con un 80 por ciento de eficacia. Queda claro, pues, que en el cerebro sucede algo que prepara la decisión, que conduce a ella e influye en lo que la mente consciente elige.

Los científicos nos dicen que los propios objetivos pueden surgir de manera no consciente. No son sólo las acciones las que se pueden ver influenciadas por estímulos no conscientes, sino que el deseo también. Y es que, a menudo, no somos conscientes de por qué queremos lo que queremos. Las empresas que fabrican ciertas bebidas o comida rápida conocen bien este fenómeno y son maestros en la publicidad subliminal. Nos suelen mostrar su producto asociado a señales de recompensa positiva, como la familia, el sol o la playa. En una entrevista a la revista *Time*,[6] Ruud Custers manifestó que si te expones a este tipo de anuncios una y otra vez se creará la asociación en tu mente y, probablemente, un día tu inconsciente decidirá que quieres consumir su producto.

Pero si de verdad existe la voluntad inconsciente, ¿para qué sirve realmente? ¿Por qué está ahí? El psicólogo John Bargh, de la Universidad de Yale, opina que ésta es vital para movernos en el día a día, y probablemente apareció antes que la consciencia como un mecanismo de supervivencia. La vida requiere tantísimas decisiones, hay tantos estímulos a nuestro alrededor, que nos veríamos enseguida abrumados si no tuviésemos un proceso automático (no consciente) para ocuparnos de muchas de ellas.

El inconsciente también sirve para resolver problemas

En más de una ocasión me ha pasado que después de mucho pensar sobre cómo resolver un problema y dejarlo por imposible, de repente, sin saber la razón, he exclamado «¡Ajá! ¡Eureka, lo encontré!», porque una luz inesperada ha iluminado la solución a mi rompecabezas. Es lo mismo que les ha ocurrido a grandes pensadores y científicos, como Arquímedes, Isaac Newton o el propio Einstein, a los que la inspiración les llegó por sorpresa.

Por ejemplo, la ley de la gravitación universal tuvo su origen en uno de esos momentos, en una de esas iluminaciones: un joven Isaac Newton estaba tumbado bajo un árbol en 1666 cuando la caída de una manzana le inspiró una serie de ideas que culminarían tiempo después con la teoría de la gravitación universal, una de las cumbres del pensamiento científico de todos los tiempos. ¿Qué ocurrió en la mente de Newton para desencadenar ese flujo de ideas conscientes? ¿Qué resortes internos, conscientes o inconscientes, pulsaron la caída de esa manzana para estimular la mente racional del físico y pensador inglés? Sean cuales fueren, lo cierto es que un impulso inconsciente espoleó la conciencia de Newton y estuvo en el origen de un auténtico monumento del raciocinio científico.

No podemos olvidar aquí al primer hombre que profirió el famoso «eureka», Arquímedes, uno de los más grandes matemáticos y físicos de la Antigüedad. Se dice que fue durante un baño cuando se dio cuenta de que el nivel del agua subía en la bañera cuando él entraba y que ello le llevó a deducir el principio físico que lleva su nombre: todo cuerpo sumergido en un líquido experimenta un empuje de abajo hacia arriba igual al peso del líquido desalojado. Tan emocionado por el descubrimiento estaba que, al parecer, salió desnudo a la calle gritando *«¡eureka!, ¡eureka!»*, que en griego antiguo significa «¡lo encontré!».

Sea en Arquímedes, en Newton o en el más anónimo de los hombres, el mecanismo que proponen los psicólogos es el mismo: el momento «¡Eureka! ¡Lo encontré!» se hace realidad debido al «efecto de incubación» por el cual, en el rato que dejo de pensar conscientemente sobre mi problema hay un fenómeno inconsciente de procesamiento y recombinación de datos que permitirán aflorar nuevas ideas.[7] Los científicos cognitivos, y entre ellos los neurocientíficos, denominan a esta experiencia de desbloqueo interno (el «¡Ajá!» o «¡Eureka!») *insight*, la capacidad de comprender o apercibirse de la estructura íntima de un problema o un conflicto. Según ellos, está asociada con la inteligencia creativa, propia de artistas y genios.[8]

Curiosamente, se ha podido demostrar en fecha muy reciente que, además de los humanos y de ciertos primates, los elefantes también poseen esta capacidad. Preston Foerder, de la Universidad de Nueva York, quiso estudiar si los elefantes pueden utilizar ciertos objetos para lograr un objetivo, en este caso comida colgada de una rama de un árbol fuera de su alcance. Para su sorpresa, uno de los tres elefantes asiáticos *(Elephas maximus)* del Smithsonian National Zoological Park que estaba estudiando, pareció analizar la situación y, de repente, tuvo su momento «¡Ajá!». Ni corto ni perezoso, se fue a buscar algo. El elefante «se dio cuenta» de que en algún lugar había un bloque de madera lo suficientemente resistente para aguantar su peso, y tras unos instantes regresó al árbol empujando el bloque, se subió a la plataforma y cogió su comida con la trompa (el vídeo aparece en YouTube al buscar *«Kandula, National Zoo, insightful problem solving 2»*). Es increíble lo fácil que le resultó al paquidermo imaginar lo que necesitaba hacer para resolver este problema en particular.[9]

Por supuesto, para los neurocientíficos debe de ser complicado analizar los mecanismos neurales que conducen al «eureka», al «encendido de la bombilla», tan difícil como puede ser para nosotros llegar a ese momento durante la resolución de un problema; y a pesar de que existen numerosas anécdotas sobre cómo se han realizado importantísimos descubrimientos gracias al *insight*, todavía se desconoce en gran parte su naturaleza. Hasta hace poco eran los psicólogos del comportamiento quienes se dedicaban a estudiar el fenómeno, y ahora, con la ayuda de nuevas tecnologías, los científicos se han lanzado a la identificación y comprensión de los mecanismos neurales de los procesos cognitivos de *insight* y a sus componentes cognitivos constitutivos. Éste es un campo relativamente nuevo, del que oiremos numerosos avances en los próximos años.

Los neurólogos John Kounios y Mark Jung-Beeman, de las universidades estadounidenses de Drexden y Northwestern, han combinado las técnicas de EEG y de la resonancia magnética (fMRI) para tratar de construir un mapa preciso, en tiempo y espacio, del proceso de *insight*. Sus estudios desvelaron que las personas que lograron resolver determinados puzles activaron una serie específica de áreas corticales del cerebro. Las primeras áreas activas están involucradas en el control ejecutivo (córtex prefrontal y córtex cingulado anterior), ya que en esta primera fase de preparación el cerebro dedica mucho poder computacional a resolver el problema. Otras áreas sensoriales, como el córtex visual, se apagan a medida que el cerebro suprime posibles distracciones. El córtex hace esto por la misma razón que nosotros cerramos los ojos cuando nos queremos concentrar para pensar. A continuación tiene lugar una fase de búsqueda, a medida que el cerebro busca posibles respuestas en diferentes lugares relacionados, en este caso, con el habla y el lenguaje. Cuando no se obtiene la solución al problema se puede alcanzar una fase de bloqueo, en la que predomina una sensación de frustración por la incapacidad y la impotencia. Pero a veces, cuando se está a punto de tirar la toalla, de repente llega el momento clave, la solución al problema. El *insight* lle ga acompañado con una explosión de actividad cerebral en la circunvolución temporal superior, una zona sin apenas funciones asignadas que se encuentra localizada en el hemisferio derecho del cerebro. Además, unos milisegundos antes de ese instante, la EEG registra un pico de actividad cerebral que emana también del mismo hemisferio.

Otras investigaciones llevadas a cabo por el psicólogo Joy Bhattacharya, han predicho el *insight*, mediante la lectura con EEG de ondas cerebrales tipo alfa con hasta ocho segundos de anticipación. Los dos grupos de investigación coinciden en que para que llegue el *insight* es vital que el córtex se relaje, de ahí el registro de ondas alfa, las cuales se correlacionan con un estado de relajación cerebral. Por eso a veces las ideas llegan en la ducha, o durante etapas de sueño ligero, o cuando estás haciendo actividades totalmente diferentes. El matemático Henri Poincaré, uno de los grandes genios de todos los tiempos, experimentó este momento cuando estaba subiendo a un autobús y tuvo «la certeza» de que había encontrado la solución a su problema de geometría no euclidiana. El propio Poincaré describió en una famosa conferencia ante la Sociedad de Psicología de París, recogida en el ensayo *Ciencia y método* (1908), cómo se había producido el feliz hallazgo, que él mismo atribuyó a un «trabajo no consciente»: «En el momento de poner mi pie en la escalera me vino la idea [...] Sin que nada en mis pensamientos previos me hubiese preparado para ello [...] No pude verificar la idea en ese instante, pero sentí una absoluta certeza.» En definitiva, Poincaré nos está diciendo que es bueno distraerse y que la respuesta a tu problema llegará cuando menos te lo esperes.[10]

Sin lugar a dudas, el *insight* está en el corazón de la inteligencia humana, de manera que su entendimiento influenciará de inmediato los campos de la psicología y la neurociencia cognitiva, pero además será vital bajo el punto de vista de la pedagogía. Por ejemplo, si conociésemos mejor el complejísimo comportamiento del cerebro humano para resolver problemas se podría revolucionar la manera de enseñar, proporcionando formulaciones de estrategias eficientes para la solución de problemas —nos pasamos la vida resolviendo problemas y tomando decisiones— que redundarían en el rendimiento y la creatividad de los alumnos y seguramente en una mejor calidad de vida. ¡No nos preocuparíamos tanto!

El pasado y, sobre todo, el futuro incierto del libre albedrío

Como señalaba en el prólogo, no se puede olvidar nunca la supeditación de los humanos a distintas fijaciones o responsabilidades. Para sobrevivir tuvimos que ser fieles a nuestras familias, a nuestras tribus, a nuestra cultura, a nuestra especie y a nuestro planeta. Cada vez parece más absurdo pensar que no hace falta el inconsciente para satisfacer demandas tan complicadas y contradictorias; parece evidente que hacen falta los dos tipos de pensamiento: el inconsciente y la conciencia, y que apenas bastan.

Cuanto más se analiza el sistema de recompensa para movilizar el mecanismo de motivación humana, más patente resulta que el sistema inconsciente se las arregla sin la conciencia.

Es cierto que, como humanos que somos, nos gusta pensar que nuestras decisiones están bajo nuestro control consciente; en definitiva, que tenemos libre albedrío. Los filósofos han debatido sobre ello desde hace siglos, y aho-

Con John-Dylan Haynes: si fuera verdad que el cerebro conoce siete segundos antes la decisión que vamos a tomar, ¿qué queda del libre albedrío?

ra Haynes y otros neurocientíficos lo están poniendo en duda experimentalmente: «Sentimos que elegimos, y no es así. La libre voluntad es una ilusión.» Podemos estar seguros de que conscientemente decidimos si queríamos beber té o café, pero esta decisión pudo haber sido tomada por nuestro cerebro mucho antes de que hubiésemos sido conscientes de ello. Haynes ahonda en ello y se pregunta: ¿Cómo la puedo denominar «mi voluntad», si ni siquiera sé en qué momento tuvo lugar y lo que ha decidido hacer? La verdad es que resulta una idea algo perturbadora.

Muchos filósofos desconfían de los neurólogos partidarios de la existencia de la voluntad inconsciente, porque los experimentos son verdaderas caricaturas de lo que es el mecanismo de decisión. Incluso como ocurre en varios de los experimentos de Haynes, apretar un dedo u otro no es tan simple como parece; los motivos a que responde la decisión pueden ser varios y complejos.

Los pensadores están dispuestos a admitir que un día no lejano tal vez los neurólogos nos obliguen a replantearnos un concepto en apariencia tan diáfano como el de libre albedrío. «Imaginad si los científicos pudieran predecir, analizando la actividad cerebral, la decisión que una persona ha tomado antes de que el propio sujeto fuese consciente de ello.» Eso sería una verdadera amenaza para la libre voluntad, sostiene Alfred Mele, filósofo y director de la Fundación Templeton, que está desarrollando un programa de cuatro años financiado con 4,4 millones de dólares para estudiar el libre albedrío bajo un punto de vista multidisciplinar. De todos modos, incluso aquellos que han proclamado, prematuramente, la muerte del libre albedrío, están de acuerdo en que todavía tienen que confirmar estos datos experimentales en diferentes niveles de la toma de decisiones.

Los efectos prácticos de eliminar la existencia del libre albedrío son de difícil predicción. El determinismo biológico no sirve como atenuante en leyes, puesto que la ley se basa en la idea de que las personas son responsables de sus actos, excepto en circunstancias excepcionales. «Sin embargo, los resultados de este tipo de investigaciones servirían para identificar cómo varían las personas en su habilidad para controlar su comportamiento, lo que a su vez tendría utilidad para afectar la severidad de una sentencia», afirma Owen Jones, profesor de leyes de la Universidad Vanderbilt, de Nashville, Tennessee.

Adam Kepecs, neurocientífico del mítico centro de investigación Cold Spring Harbor Laboratory de Nueva York, considera que hay una visión emergente en el campo de la neurociencia que está empezando a cobrar trascendencia, y que plantea que la mayoría de nuestros pensamientos y acciones están guiados por procesos de nuestro inconsciente, escondidos de la introspección consciente. De manera que si la consciencia raramente se encuentra en el asiento del conductor, y si no podemos elegir nuestros genes, o nuestras experiencias de la infancia, cuyas interacciones forman nuestro cerebro, entonces ¿somos responsables de nuestros actos?[11]

Capítulo 7

Los errores a corregir para salir adelante

No se deben limitar
ni jerarquizar las competencias

No siempre hemos elegido las competencias adecuadas, lo cual es comprensible, puesto que se trata de contenidos distintos en tiempos cuya naturaleza es variable. Quiero decir que lo que importaba ayer, como ocurría con el coeficiente intelectual que nos empeñábamos en calcular para todos los candidatos a un puesto de trabajo —como si la inteligencia se pudiera medir tan escuetamente—, cede el sitio mañana a la necesidad de facilitar la comunicación mediante el aprendizaje de idiomas y el manejo de las redes sociales. Nadie hablaba del aprendizaje social y emocional hace diez años, mientras que hoy no se concibe un sistema educativo que no tome en consideración esas competencias.

Nos podemos entonces haber equivocado de competencias. Lo que es subsanable. A medio plazo, por supuesto. En la sociedad surgida de la revolución industrial, un coeficiente intelectual alto constituía una prueba suficiente para obtener un trabajo. Hoy no ocurre lo mismo y el periodo de ajuste para desarrollar las nuevas competencias exigidas, ya no por el estamento industrial o de servicios, sino por la sociedad del conocimiento o la digitalizada puede durar años.

Ahora bien, sorprende que estamentos educativos enteros hayan aplicado durante décadas un orden de prioridades sin haberse planteado siquiera la evaluación de su impacto. Nadie se ha entretenido en medir lo que el psicólogo Howard Gardner sostiene desde hace años, la existencia de inteligencias múltiples, o su contrario, medir la vocación o la utilidad de un único aprendizaje, como geografía, biología o matemáticas.

Sólo se contó con un criterio masivo y rudimentario para medir el éxito profesional, que era la obtención de un puesto de trabajo: cuando el aprendizaje de una competencia desembocaba en la obtención de un puesto de trabajo, se consideraba satisfactorio el proceso elegido; y lo opuesto en caso contrario.

El más grave inconveniente de esta falta de análisis era que en las circunstancias que prevalecieron desde la década de los sesenta hasta hoy las competencias buscadas podían evaluarse en el propio mercado laboral, puesto que ellas sí daban trabajo; todo lo contrario de las competencias jerarquizadas a la baja, como muchas de las artísticas y, desde luego, la danza.

En el futuro, esto cambiará gracias a las nuevas competencias introducidas en los sistemas educativos, como el aprendizaje emocional, para el que ya se están previendo métodos de evaluación más representativos. Esos métodos tendrán que ver con las nuevas técnicas digitales de comunicación, con la capacidad de empatizar y de trabajar en equipo, con el liderazgo, con el recurso a las redes sociales, con la conciliación de entretenimiento y conocimiento, y, por supuesto, con la capacidad de solventar problemas en lugar de buscarlos, apuntalando, por encima de todo, lo que fue el secreto de los grandes éxitos de la especie.

Paul Seabright, profesor de economía de la Toulouse School of Economics, en la Universidad de Toulouse, dio en el clavo al asimilar la innovación a la capacidad de trabajar codo a codo con extranjeros. El filósofo Daniel C.

Dennett, al referirse a la obra de su amigo, comparte con él la idea esencial de que «la cooperación humana es un fenómeno sobresaliente, muy distinto de la aparente colaboración entre termitas; en realidad es imposible encontrar nada parecido en el mundo natural».

Cuando se contempla la evolución de una gran ciudad, desde la Atenas del siglo IV antes de Cristo hasta el moderno Manhattan, no hay más que una respuesta a la esperada pregunta de cuál es el origen de una gran ciudad. La investigación científica de las causas por las que Europa supera al mundo árabe en el milenio que va del año 800 al 1800 apunta a una razón poco discutible: las ciudades europeas tenían más libertad que las árabes para crecer sin interferencias ni planificaciones, ya que estaban menos mediatizadas por las demandas de Estados depredadores.

Es fascinante constatar cómo la razón del éxito a lo largo de la historia de las ciudades siempre subyace en las sociedades transicionales, que supieron conservar lo bueno de la herencia del pasado pero que no temieron nadar en el río de innovaciones, que les aportaban nuevos horizontes. Como dice Paul Seabright, «estas sociedades transicionales son altamente creativas; lo fueron el Londres isabelino, el siglo XIX de París o el Berlín weimariano. Ahora bien, que nadie espere que la creatividad en ese grado dure siempre; los principios del orden y de la libertad aportan algo realmente maravilloso, pero apenas superan unos pocos años de buenaventura, puesto que la tensión suscitada desembocará en la victoria de las fuerzas partidarias del cambio muchas veces, aunque no siempre, y con ella se irá secando la fuente de la creatividad».

Como explicaré en el capítulo 10, lo peor es pararse. La victoria conduce al inmovilismo y no permite la interacción necesaria para que la innovación se produzca. Ocurre no sólo con la vida de los grandes centros urbanos, sino también con la vida empresarial y la individual. En la empresa es indispensable conciliar entretenimiento y conocimiento. A nivel individual, la felicidad está en la propia sala de espera de esa misma felicidad, y en modo alguno en la culminación del éxito.

No tiene nada de insólito que la identificación de las competencias varíe de acuerdo con el tipo de sociedad de la que se esté hablando: sociedad primero reflejo puro de la propia revolución industrial; sociedad industrial y de servicios, y sociedad del conocimiento o digital. Lo que debió haber disparado las alarmas es que esas competencias no cambiaran durante tantos años. Parte del desasosiego actual obedece a la inevitabilidad de los cambios en esas competencias, para las que falta tiempo de aprendizaje y entrenamiento, tanto por parte de las empresas, que apenas las conocen, como los que debieran aplicarlas y todavía no saben cómo.

Vuelco en las políticas de prevención

Fue en un hotel que rebosaba buen gusto por todas partes. No recuerdo ni su nombre, pero sí la agradable terraza que se encajonaba entre cuatro rascacielos a cuál más estilizado; estaba saboreando mi *sparkling water* cuando vino a saludarme el propietario del hotel.

—*Congratulations. It is one of the nicest hotels I've ever been* —le dije, con sinceridad, puesto que era uno de los mejores hoteles en que me había alojado.

—*Thank you very much* —me respondió inmediatamente—, *but I'm facing an insoluble problem which will lead me to shut the hotel down. Maybe you could help me out.*

Un amigo común le había anticipado mi relativa facilidad para entrar en contacto con los grandes científicos de Estados Unidos, a los que suelo tener la oportunidad de entrevistar para el programa *Redes,* de La 2 de Televisión Española; era difícil imaginar otra vía por la que un divulgador científico latino pudiera ayudar a uno de los hoteleros con mejor gusto de Nueva York.

El «problema insoluble» que amenazaba con arruinarle, obligándole «a cerrar el hotel» era sencillo pero insospechado: los huéspedes con vocación de suicidas habían adquirido la mala costumbre de lanzarse al vacío desde uno de los pisos más elevados del rascacielos vecino, sembrando de inesperados cadáveres la maltrecha terraza. Al hotelero en cuestión no le dejaba dormir el recuerdo de dramas ya ocurridos o la visión de los que se estaban gestando, con toda seguridad, en el futuro inmediato.

El propietario del hotel me preguntó si conocía a algún científico que pudiera aportar alguna solución a su problema; al suicida potencial se le suponían ya sus propios recursos. La verdad es que me vino a la mente enseguida el nombre de un psiquiatra cuyo padre se había suicidado cuando él tenía apenas trece años. Su decisión desde entonces de explorar a fondo la neurología del suicidio hizo de él uno de los mejores expertos mundiales en enfermedades mentales y, muy particularmente, del suicidio. Se llama Thomas Joiner y habíamos estado juntos hacía muy poco tiempo, justamente en Nueva York.

La capacidad de representación mental es una de las características que definen la inteligencia de simios y humanos; cualquiera de los dos puede o no tenerla. Pues bien, a mis lectores no les resultará difícil imaginar una escena de esta tragicomedia improvisada, protagonizada por el renombrado psiquiatra, el dueño del hotel y el autor de este libro, los tres buscando tres pies al gato; o más difícil todavía, métodos y fármacos para disminuir la vocación suicida de los huéspedes del hotel. La difícil reflexión terminó enseguida con la intervención sorpresa del psiquiatra, que iba por unos derroteros diferentes de los nuestros.

—*Put a railing across the window* —sentenció mi amigo el psiquiatra, ante los gestos incrédulos de los otros dos miembros de la reunión.

Se puso pues una barandilla en la ventana en cuestión y desaparecieron los suicidios. El psiquiatra y yo coincidimos luego en constatar que ya se había hecho mucho en materia de diagnóstico y tratamiento clínico —unas veces bien y otras muchas menos bien—, pero que todo estaba por hacer en materia de políticas de prevención. De ahí surgió el proyecto de Apoyo Psicológico *on line* patrocinado por mi Fundación y la aseguradora MAPFRE. Pretendemos, contando con el apoyo de profesionales reconocidos, socorrer a personas anónimas aquejadas por ansiedades y dudas que, de no resolverlas a su debido tiempo, acabarían saturando el nivel de prestaciones sanitarias, una vez rebasada la línea del diagnóstico y del tratamiento clínico.

Pocos Estados han dudado de la necesidad ineludible de generalizar las prestaciones sociales de todo tipo, como las sanitarias, educativas, ocio y entretenimiento o seguridad ciudadana. Muy pocos, en cambio, han abordado la reforma radical de las políticas de previsión, imprescindibles para que la demanda generalizada de prestaciones no colapse el sistema social. El consenso generalizado de los expertos indica que va a ser muy difícil mantener la aplicación generalizada de las prestaciones sociales sin reformar drástica y simultáneamente las políticas de prevención.

El futuro inmediato será irreconocible, incluso en aquellas esferas que no nos han acostumbrado a cambios ni sustanciales ni acelerados, como ocurre con la administración de la justicia. Será preciso abordar fórmulas válidas para dimensionar el creciente volumen de asuntos planteados, favoreciendo un uso más racional de los recursos disponibles. Estamos hablando de la aplicación de políticas de prevención, no sólo en los ámbitos de la sanidad, energía o el orden público, sino también en el de la justicia.

Es necesario potenciar fórmulas innovadoras de resolución de conflictos que permitan a los ciudadanos zanjar sus controversias con niveles de satisfacción adecuados pero que, además, ayuden a la agilización de todo el sistema, ya sea éste el sanitario, el de la justicia, el del entretenimiento o de la seguridad ciudadana.

Una de esas fórmulas es la mediación y, aunque existen experiencias importantes en este campo, lo cierto es que en nuestro ordenamiento jurídico no existe una norma que, con carácter general, ponga en conexión la mediación con la jurisdicción.

El concepto de mediación tiene ventajas claras sobre ordenamientos previos y conocidos como el de la conciliación, en el que la intervención de un tercero se produce con una capacidad de propuesta limitada; o como ocurre con la figura del arbitraje, en la que ese tercero tiene capacidad resolutoria que se impone a la voluntad de las partes.

La mediación es una actividad neutral, independiente e imparcial que ayuda a dos o más personas a comprender el origen de sus diferencias, a conocer las causas y consecuencias de lo ocurrido, a confrontar sus visiones y a encontrar soluciones para resolverlas. En otras palabras, se trata de dar un vuelco, también en la administración de justicia, a las políticas de prevención para hacer frente al colapso de las prestaciones originado por la generalización y práctica de los derechos ciudadanos.

La pieza esencial del modelo es la figura del mediador, al que corresponde facilitar una solución dialogada y voluntariamente aceptada por las partes. La actividad de mediación se despliega en múltiples ámbitos profesionales y sociales, requiriendo habilidades que en muchos casos dependen de la propia naturaleza del conflicto. El mediador ha de tener, pues, una formación general que le permita desempeñar esa tarea y sobre todo ofrecer garantía inequívoca a las partes por la responsabilidad civil en que pudiese incurrir.

¿De dónde surge ahora la conciencia social de lo que es correcto y de lo que es lesivo para el resto? De la manada, es la respuesta inevitable. Tanto si se achaca el espíritu de sumisión al rechazo de violentar el entramado perfilado por las prácticas sociales como al desconocimiento de las verdaderas causas del oprobio o la violencia, el poder de la manada es decisivo. Mal que bien, se limitan las aberraciones o insolidaridades sociales en beneficio del bien gregario surgido de la manada; ésta impone su ley gracias al peso descomunal de la voluntad colectiva sobre las aspiraciones cuestionadas del individuo desamparado. No se requieren otros medios para impulsar el pensamiento colectivo porque, efectivamente, las redes sociales, el entramado pergeñado por las interacciones interminables entre los miembros de la manada, son decisivas.

En menos de dos generaciones, centenares de millones de personas se adentrarán en el mundo virtual o el de juegos por redes sociales. ¿Qué ocurre cuando el credo o las convicciones asumidas por la manada —y que sustentaban conductas determinadas e inalterables desde hace cientos de años— ya no hacen mella? ¿Qué pasa cuando esas convicciones han dejado de representar el sentimiento mayoritario y gregario, porque ha irrumpido el conocimiento en lo que hasta entonces era el ámbito exclusivo del pensamiento dogmático? ¿O alguien cree que no pasa nada cuando el valor de la prueba aducido, a título de ejemplo, por el científico Laplace, al demostrar la permanencia del equilibrio de los cuerpos celestes, ha ganado ya un espacio visible y no sólo anecdótico al pensamiento dogmático?

Vivimos unos instantes inolvidables en los que la ciencia es aparente y el dogma se volatiliza (aunque cierto es que la propia ciencia tiene sus dogmas). Al individuo le llegan sugerencias dispares y melifluas de la manada, en lugar de los imperativos categóricos e incuestionables de antaño, como el de la Santísima Trinidad. Nos estamos refiriendo a la esencia y fuente del optimismo moderno.

Es una realidad incuestionable que la presencia de lo sobrenatural, como alega el psicólogo de la Universidad de Bristol Bruce M. Hood, sigue siendo imponente; por ejemplo, nueve de cada diez personas, al ser preguntadas si han sentido alguna vez cómo se les clavaba en la espalda la mirada fija de alguien, contestaron afirmativamente. Ahora bien, el ritmo de la tasa de crecimiento de las innovaciones tecnológicas es ya de orden geométrico, siendo perfectamente razonable que científicos como Raymond Kurzweil puedan vaticinar que en el año 2050 el cerebro humano sobrepasará la capacidad cognitiva de un ordenador.

Huir de la realidad

Como anticipó el escritor de ciencia ficción Arthur C. Clarke, «la única manera de conocer los límites de lo posible es superarlos adentrándose en lo imposible». Estaremos tan absortos contemplando las transformaciones a punto de tomar forma en el mundo exterior, nos sentiremos tan ajenos al único universo que contaba hasta ahora, el del alma y la conciencia, claro está, en el que buscábamos refugio lejos de la zozobra que inundaba y consumía todo lo de fuera, que nuestro inconsciente aceptará sin excitación alguna, como si tal cosa, el impulso de huir de la realidad. El cerebro no se dará por enterado del éxodo de miles de millones de personas de la realidad hacia fórmulas más sofisticadas de innovación, como los juegos digitales.

Lo cierto es que nuestros cerebros fueron moldeados durante centenares de miles de años para sobrevivir en un mundo inhóspito. Esos mismos cerebros están abocados ahora a crear sin descanso mundos irreales totalmente distintos: los universos digitales.

Conocí al escritor y psicólogo húngaro Mihály Csíkszentmihályi (pronunciado *chik-sent-mijai*) en Estados Unidos, en el año 2008, cuando la comunidad científica celebraba con inusitada unanimidad la publicación de su libro *Fluir: una psicología de la felicidad* en el que describe magistralmente la desbandada desatada, la huida del mundo real. «De una forma u otra, para que continúe la evolución humana tendremos que aprender a disfrutar más cabalmente de la vida», afirmó entonces. La realidad no nos ofrece con la intensidad necesaria esa alternativa.

Otra forma de decir algo muy parecido es aceptar que la antítesis del juego no es el trabajo, sino la desesperación y el estrés. Algunos están entreviendo, y sobre todo los diseñadores de juegos digitales, que la realidad no está bien diseñada para prodigar la felicidad de abajo arriba. El mundo virtual de las redes sociales ofrece, es cierto, alternativas mucho más innovadoras, estremecedoras, poderosas que la insulsa vida real. Se ha calculado que en 2012 el valor anual de los entretenimientos digitales caseros, para nuestros ordenadores, móviles y demás técnicas digitales de comunicación, rozará los sesenta y ocho mil millones de dólares. Como señala una de las mejores diseñadoras y gestoras de juegos digitales, Jane McGonigal, «estamos construyendo un almacén virtual de esfuerzo cognitivo, energía emocional y poder de concentración colectivo que derrochamos en universos de juegos, en lugar del mundo real».

Es una realidad incuestionable que el mundo virtual de los ordenadores y juegos digitales está resolviendo necesidades humanas que el universo real es incapaz de abordar. Es muy difícil negar que los ordenadores y los juegos digitales ayudan a resolver problemas acuciantes para unos —claves de seguridad protectoras, por ejemplo—, a incrementar los niveles de distracción para otros —juegos de participación en las redes sociales— o, simplemente, a aumentar los índices de felicidad cuando se trata de usar los apoyos psicológicos disponibles *on line,* como *dating*, autoayuda o ejercicios de relajación.

El famoso historiador holandés Johan Huizinga, aprisionado por los nazis durante la segunda guerra mundial, explicaba por qué el equívoco nombre de *juegos* virtuales o video*juegos* digitales se seguía utilizando para referirse a un fenómeno mucho más ambicioso y complejo que los simples divertimentos. Lo que seguimos llamando juegos no tienen nada que ver con la idea ancestral del juego para divertirse. De lo que estamos hablando cuando aludimos al sentido humano del juego es de algo más poderoso que puede servir para contrarrestar vitalmente las fuerzas oscuras de la ambición, la disciplina, la razón o la propia ideología.

Lejos de ser un simple juego, los mal llamados juegos virtuales amplifican —como todas las tecnologías, sugiere Tom Chatfield en su libro *Fun Inc.: Why Games are the 21st century's most serious business*— «tendencias humanas como nuestra vocación innata para aprender; nuestra fascinación por resolver problemas y disfrutar con ello; la seducción o rivalidades generadas por la sociabilidad, o nuestra manía de intercambiar las insoportables incertidumbres de la vida cotidiana por el placer de compensaciones más predecibles».

Lo paradójico, lo fantástico, es que los especialistas del mundo educativo no hablan de otra cosa cuando señalan la necesidad imperiosa de propagar las llamadas nuevas competencias, unas competencias que son muy nuevas sin haber dejado de estar presentes nunca en los orígenes del conocimiento humano. Si algo hemos podido aprender de los videojuegos es que podemos hacer gala de una gran versatilidad en cambiar nuestras relaciones, lo que hacemos y cómo lo hacemos, pero en lo que se refiere a las características básicas de nuestra naturaleza resulta que datan de muy antiguo y son, aparentemente, inamovibles.

Los economistas han dedicado muchas horas de enseñanza y libros para convencer a los jóvenes de que sobrevivir requería revisiones periódicas de su «tabla de compromisos». ¿Qué es una tabla de compromisos? Se trata, simplemente, de comparar las exigencias aceptadas como vinculantes —estudios de grado, vacaciones en el propio país o en el extranjero, número de hijos deseables a la luz de los recursos disponibles, compra o alquiler de la vivienda— con los recursos físicos y psicológicos disponibles, como el nivel de resiliencia. Sin un análisis correcto de la tabla de compromisos es muy difícil sobrevivir en el mundo cambiante de hoy día.

Pues bien, esa enseñanza ha servido de muy poco; la gente suele hacer caso omiso de sus corolarios y abundan las situaciones en las que, de manera patente, las ambiciones desmedidas arruinan la vida de las parejas o de los gobiernos. ¿Quién no se ha topado con jóvenes matrimonios agobiados por el trabajo imprescindible de los dos miembros de la pareja, que deciden, no obstante, agrupar en pocos años el número de hijos para poder regresar cuanto antes al trabajo o investigación que nunca hubieran querido dejar? En siglos pasados, algunas tribus indígenas se conformaban con reglas tribales que establecían periodos obligatorios de separación entre hermanos; en algunas tribus de América del Norte esta prohibición se prolongaba hasta seis años. La ciencia ha demostrado ulteriormente que, en efecto, una distancia demasiado corta entre dos nacimientos en una misma familia puede conducir a una situación en la que el primer hijo se siente cuestionado por la falta de afecto que, inevitablemente, se le escatima para poder atender al segundo hermano.

En otras ocasiones, la ley del menor esfuerzo arrincona a empresas solventes en el pasado, mientras que otros agentes intuyen, acertadamente, que para sobrevivir es preciso superar la línea de tendencia histórica sin asumir riesgos innecesarios. Como decía Maurice Thorez, secretario general del Partido Comunista francés, *«il faut être devant les foules mais pas trop si l'on ne veux pas se trouver tout seul et gesticulant»* («hay que ir por delante de las masas, pero no demasiado si uno no quiere encontrarse solo y gesticulando»).

El mundo virtual y de los juegos digitales constituye una forma entretenida de aprender y no olvidar las cuatro reglas indispensables para rediseñar con acierto la tabla de compromisos. Muchos jefes de gobierno, y sus desesperados pueblos, habrían evitado las calamidades sociales de enfrentarse al pago de deudas que les han desbordado si hubieran practicado previamente algunos ejercicios de la tabla de compromisos. Y es que la realidad misma no alienta ni su diseño ni su aplicación.

¿Cuáles son las cuatro reglas para sobrevivir que la manada a la que se pertenece sugería en el pasado, pero que desconoce en las circunstancias cambiantes de hoy día, a raíz de mutaciones genéticas aleatorias o innovaciones tecnológicas? Ése es el drama de tanto desvarío injustificado. Hasta hace unos 4.000 años la tradición oral permitía legar las cuatro recomendaciones válidas para sobrevivir o morir de una manera determinada. Desde entonces, el descubrimiento de la escritura permitió codificar en diez mandamientos las pautas a seguir para enfrentarse con la vida. Ahora, es preciso contar con la ayuda digital, con los bits alojados en ordenadores para poder desentrañar los secretos de la vida. El juego virtual es la antítesis directa y emocional de la depresión inevitable, si no quiere uno rendirse a la realidad sin entrenamiento previo.

¿Cuáles son las pautas del equilibrio? ¿Cuáles son las guías del buen hacer? Identificar los objetivos propios de uno mismo aparece en primer lugar. Aceptar las reglas del juego si se quiere aprender, familiarizándose con ellas, es el segundo secreto. También es imprescindible saber medir el impacto en la vida real del proyecto digital. Por último, es posible pero extremadamente improbable que se pueda forzar a nadie a expresar objetivos, definir las reglas de comportamiento, efectuar mediciones necesarias sobre la intensidad de las emociones y el impacto de su gestión en las variables económicas, sin haber manifestado que se quiere voluntariamente adentrarse en el proceso.

Lo que está probado es la imperiosa necesidad de aprender y seguir estos pasos para desarrollar cualquier proyecto; lo que acabamos de descubrir ahora mismo es que el rasgo indeleble del recuerdo, el potencial innovador del proceso, la concentración requerida para seguir progresando se sustancian con mecanismos digitales, mientras que tienden a esfumarse sin dejar rastro cuando el soporte es únicamente cognitivo, sin apoyos virtuales. La verdad es que el mundo real aburre a la gente; no hay más que verla en los días de fiesta. Los ciudadanos de países llamados modernos se sienten subutilizados y despreciados. Salvo cuando rompen la barrera del mundo real, tienen la seguridad de que los demás no saben qué hacer con su vida.

«Pero ¿cómo sé yo lo que persigo?», se preguntará más de un lector. «No tengo claro si quiero ser veterinario o arquitecto. Ojalá pudiera definir mis objetivos estando seguro de lo que va a ser mi elemento o mi dominio; es decir, aquello en lo que me siento feliz porque agudiza mi curiosidad, me hace vibrar, afina mi creatividad, aniquila mi concepto del tiempo y de las esperas.»

En el capítulo 4, al descubrir los secretos de la innovación creativa ya se hizo amplia referencia al concepto fundamental del «elemento», esgrimido por el educando y psicólogo sir Ken Robinson. Baste ahora añadir que el proceso creativo es el subproducto de las cuatro contingencias o deberes que acabo de enumerar. Sólo en contadas ocasiones puede la nota final equivaler al promedio máximo; es lógico que no obteniendo una valoración máxima la pregunta relativa al elemento, no se invalide el ejercicio orientado a la consecución de un promedio. La inseguridad relativa al dominio poseído, a la profesión o actividad en la que uno se siente realizado, no impide la búsqueda transitoria de objetivos que pueden no ser decisivos.

Capítulo 8

La gestión emocional de la soledad

No hubo cambio más trascendental desde el comienzo de la evolución humana hace unos dos millones de años que el aprendizaje emocional. Nada de lo que nos pasa por dentro ni de lo que fabricamos fuera puede igualar el impacto de habernos parado por primera vez a reflexionar sobre la naturaleza y gestión de nuestras emociones.

Sabíamos que muchos de nuestros ancestros se quedaron paralizados por el miedo delante de una leona en lugar de salir corriendo y entrar, inevitablemente, en el campo de visión de la fiera; con ello salvaron sus vidas, y las nuestras. Pero nunca supimos por qué. Sabíamos que la tristeza interior después de un descalabro físico o mental nos recluía en la soledad y que pronto notábamos sus efectos perniciosos, al perder el afecto y contacto con los seres queridos que, de pronto, nos odiaban… O eso creíamos. Aunque nunca supimos por qué.

Sabíamos también que la risa siempre nos sorprendía, y sin embargo nunca supimos por qué siempre lo hacía de manera inesperada y nos causaba placer. Intuíamos que el desprecio mostrado por seres queridos hacia nosotros era el peor castigo imaginable, pero no teníamos ni idea de por qué era tan malvado y perverso ni cómo evitarlo. Otras veces nos hacían rabiar personas o cosas, sin tener ni idea de por qué y cuál era su impacto en nuestro corazón.

Se puede afirmar con toda tranquilidad que los humanos no han cometido error más grave que el de ignorar sus emociones; si hubiéramos sido conscientes del impacto del desamor, del desprecio, del miedo o de la sorpresa sobre nuestro organismo y conducta, la historia de la humanidad habría sido muy distinta de lo que ha sido.

Lo paradójico es que tampoco éramos más sabios con las emociones positivas como el amor o la felicidad. Ante el amor, no sabíamos por qué o adónde nos llevaba el ánimo irresistible de fusionarse con otra persona. Tardamos dos millones de años en descubrir la obviedad de que la felicidad era la ausencia del miedo y la belleza equivale a la ausencia de dolor.

Es literalmente imposible sobrestimar el impacto del aprendizaje emocional recién descubierto en nuestros niveles de optimismo y de capacidad cognitiva. Por fin empezamos a saber lo que nos pasa por dentro. Hace más de un siglo que el alargamiento de la esperanza de vida ya no puede atribuirse a la disminución de la mortalidad infantil y, sin embargo, nos seguimos resistiendo a aceptar que hay vida antes de la muerte; parece cierto que no está probado que la haya después, pero de ser así, de haberla, bienvenida sea, siempre y cuando no sea en detrimento de los cuarenta años de vida redundante, en términos biológicos, que nos ha concedido la mejora de la salud.

Por qué no es buena la soledad

Cuesta creer que en algunas materias los humanos puedan desarrollar conocimientos que bordean lo imposible —la verdadera naturaleza y forma de la Vía Láctea o los secretos de la física cuántica, por ejemplo—, mientras que en otras se aferran a convicciones heredadas que nunca fueron ni por asomo probadas. Eso es lo que ocurre cuando se interpretan determinadas conductas movidas por emociones; en términos más generales, apenas empezamos a desentrañar los mecanismos cerebrales. Es aterradora la ignorancia aplastante del funcionamiento del cerebro escondido dentro de la calavera.

El último ejemplo que tuve de este contrasentido fue la versión que dieron algunos de los disturbios promovidos por bandas juveniles que tuvieron lugar en Londres en agosto de 2011. La interpretación de aquellos actos vandálicos fue tan siniestra como equivocada: se hizo alusión a que había «razones explicativas, pero no necesariamente justificativas» para lo ocurrido; unas razones que se refieren indistintamente al predominio avasallador de una etnia determinada, a la temprana edad de los manifestantes, a los guetos sociales y a su contrapartida los explotadores de oficio. La verdad es que, al releer esos comentarios, se da uno cuenta de que la palabra «necesariamente» sobraba o, si se quiere, estaba claro que los autores de los artículos pensaban exactamente lo contrario.

Vamos a intentar ayudar a los autores de esos comentarios a descartar determinadas razones para que, la próxima vez, puedan aludir a las razones realmente explicativas de la desbandada juvenil, sin miedo a parecer que están justificando sus saqueos.

En primer lugar, es muy arriesgado poner a todos los jóvenes que protestan en Europa, Israel y los países árabes en el mismo saco. Sería cometer un error vulgar. En los países árabes en los que se ha producido la protesta se está intentando restaurar un sistema de libertades que algunas dictaduras aniquilaron en nombre del dogma. Éste es un sentimiento que, ni de lejos, ha sintonizado con los rebeldes británicos. He vivido diez años en Gran Bretaña y puedo estar equivocado, pero la gran mayoría de extranjeros que conocí, incluidos los españoles, venían en busca de libertad y huían de la persecución en sus propios países.

En segundo lugar, está comprobado que los descendientes como nosotros de los emigrantes africanos que poblaron el planeta entero y engulleron a predecesores suyos como los neandertales, hace 50.000 años, presentan unas diferencias genéticas triviales, cuando las hay. Somos todos extremadamente parecidos, aunque no siempre nos guste serlo. Quiero decir que no hay diferencias genéticas en esta tribu que puebla el planeta y por ello es difícil sustentar divisiones en base al color de la piel.

En tercer lugar, de la misma manera que somos todos iguales, también han subsistido durante miles de años los porcentajes de psicópatas o violentos del total de la población. España es, con toda probabilidad, un país más avanzado que otros, pero el porcentaje de psicópatas es muy parecido, porque responde a una estructura mundial. Estos psicópatas son más numerosos ahora que antaño, porque en los últimos cincuenta años ha crecido singularmente la población y porque pueden utilizar las redes sociales y técnicas modernas de comunicación con fines perversos, mientras el resto de la sociedad las utiliza para innovar.

No es fácil predecir lo que va a ocurrir en el planeta Tierra en los próximos años, pero lo que está claro es que seguir aferrados a la supuesta división de derechas por un lado e izquierdas por otro es una equivocación. Algo prueba la historia de los últimos 50.000 años, una historia en la que no encontramos ni rastro de las razones que aducen los comentaristas a los que quisiéramos ayudar en futuras confrontaciones con la realidad.

La biología sí ha servido de pauta para identificar los conflictos o el desarrollo. Y ahora resulta que biológicamente somos todos iguales. Otra de las pautas infalibles ha sido la capacidad tecnológica sobre la que se ha asentado el desarrollo social. La geografía ha estado en el origen del desarrollo y, posteriormente, de las diferencias entre países y continentes; también lo será, o mejor, ya está siéndolo, el cambio climático. La inspiración necesaria para generar núcleos urbanos poderosos estuvo en la base de Londres y la civilización británica. Brillan por su ausencia las pretensiones derechistas o izquierdistas de los que han intentado estos días explicar —que no justificar— lo ocurrido en determinadas ciudades inglesas.

Los planteamientos citados afloraron en mi blog suscitando pareceres críticos los unos y favorables otros. Entre los primeros merece citarse por su representatividad el siguiente; su autora es una mujer:

A ver si lo he entendido bien: según usted, la cosa es tan simple como que los que participaron en los disturbios son todos unos psicópatas. Qué alivio. Y yo que creía que igual había algún problema social en el Reino Unido… Pero nada, ya me quedo más tranquila, si todo se explica tan sencillamente como llamando psicópatas perversos a quienes reaccionan violentamente a un acto violento de las fuerzas de seguridad del Estado (que parece que ya nadie se acuerda de que el detonante de todo esto fue la muerte de un muchacho negro a manos de la policía),* pues para qué queremos hacernos más preguntas. Vivimos en el mejor de los mundos posibles, no hay motivo alguno para la revuelta ni la protesta, y todo aquel que así lo crea y lo ejerza es un psicópata. Y punto, para qué hacernos más preguntas.

* Mark Duggan, un joven negro de veintinueve años, padre de cuatro hijos, falleció en circunstancias poco claras el 4 de agosto de 2011 en un tiroteo con la policía durante una operación contra la delincuencia en la comunidad afrocaribeña en el barrio londinense de Tottenham. La muerte de Duggan encendió la trágica ola de violencia desatada en la capital y otras ciudades británicas en la primera quincena de agosto, con un balance de al menos seis muertos y más de 1.600 detenidos. (N. del e.)

No obstante, yo sigo teniendo una duda: en el caso de la muerte de Mark Duggan, ¿quién era el psicópata?, ¿el fallecido —desarmado e inmovilizado en el momento de recibir los tiros— o los policías que lo mataron?

El debate se enriqueció con la contribución de un español que vivía precisamente en el barrio donde se originaron los disturbios, que incluso llegó a filmar. Veámoslo:

London. Aquí, en Hackney Central, todo pasó muy deprisa. A lo largo de Mare Street se concentraron centenares de jóvenes sin un motivo aparente de protesta. Se coordinaban a través de sus teléfonos móviles. Algunos jóvenes aprovecharon para robar a los transeúntes sus bicicletas o móviles e incluso llegaron a robar a algún fotógrafo su cámara.

Yo vivo en Mare Street y todo pasó enfrente de mi casa. Podéis ver las fotos y un vídeo aquí:

http://www.flickr.com/photos/creacionro/sets/7215762 7387952380/detail/

Mi explicación de las revueltas en Hackney es que ocurrieron como una reacción oportunista de los delincuentes locales a un momento de fragilidad social y policial. Puedo garantizar, como testigo directo de los sucesos, que no hubo ningún motivo político ni social, que la policía actuó con un protocolo de acción muy moderado y que todo fue más un evento juvenil que un suceso dramático.

Gracias, señor Punset, por su blog y un cordial saludo.

No se puede subestimar, a la hora de interpretar fenómenos sociales, la importancia ni el papel de los desvaríos psicológicos que, a menudo, superan los factores ideológicos. El 5 de septiembre de 2011, la periodista Isabel F. Lantigua reseñó en el diario *El Mundo* la investigación del Colegio Europeo de Neuropsicofarmacología sobre la salud mental de quinientos catorce millones de ciudadanos de treinta países europeos, que señala que el 38,2 por ciento —cerca de 165 millones de personas— sufre un trastorno mental cada año, y que sólo un tercio de ellos recibe tratamiento.

¿Cuáles son esos trastornos? Hans Ulrich Wittchen, director del Instituto de Psicología y Psicoterapia de la Universidad de Dresden, y coordinador de dicho estudio, nos cuenta que la ansiedad es el trastorno mental más común entre la población, seguido por el insomnio y la depresión, con un 7 por ciento cada uno. Asimismo, el porcentaje de niños y jóvenes entre dos y diecisiete años con hiperactividad y con déficit de atención (5 por ciento) es similar al de personas dependientes de las drogas y el alcohol (4 por ciento). Cuando el estudio en cuestión alude al incremento exorbitante de la depresión en los últimos tiempos, lo que está reflejando es que, de haber considerado, como se hace ahora, la soledad no como un añadido de la depresión, sino como una enfermedad en sí misma, estaría alertando sobre la singularidad de la primera. Es urgente afrontar por separado el problema de la soledad, ya que ello acortaría decisivamente la brecha entre el número de afectados y los que cuando reciben tratamiento lo reciben por depresión, y no por soledad.

Paralelamente a la necesidad de especificar el tipo de enfermedad cuando lo requiera su naturaleza, es preciso potenciar tratamientos parecidos cuando se manifiestan vínculos entre los distintos tipos de enfermedad; eso es lo que ocurre con las conexiones entre la soledad o la depresión por una parte, y los trastornos mentales como infarto cerebral, Parkinson y Alzheimer, por otra.

El coste social y económico —entre otras razones porque no existe una conciencia generalizada por culpa del estigma con que se aborda este tipo de dolencia— es incalculable. Ningún país se enfrentará a un problema mayor.

La psicóloga Deborah Danner estudió la influencia de las emociones en las monjas de la orden de Notre Dame, en Estados Unidos. Las monjas de una misma comunidad son un buen modelo para llevar a cabo este tipo de estudios, ya que todos sus componentes tienen condiciones de vida muy parecidas a lo largo del tiempo y, en promedio, ofrecen mayores dosis de semejanza y menor disparidad que otros colectivos sociales. Para ello, los científicos buscaron términos con contenido emocional en unas autobiografías que las monjas habían escrito al ingresar en la orden. Después de clasificar a ciento ochenta monjas en varios grupos según la abundancia de términos positivos, se dieron cuenta de que las mujeres más felices vivían, al menos, diez años más que las menos positivas.[1]

Recientemente, el profesor emérito en psicología de la Universidad de Illinois Ed Diener ha publicado un trabajo en el que, tras revisar ciento sesenta estudios sobre la influencia de la felicidad en la salud, entre ellos el arriba mencionado, concluye que existen evidencias muy claras y sólidas de que aquellos individuos que son positivos tienden a vivir más y disfrutan de mejor salud que la gente que se considera a sí misma infeliz.[2] Otra cosa distinta es el conocimiento del impacto de la felicidad o la infelicidad en determinados tipos de situaciones, como el cáncer u otras enfermedades; es cierto que el nivel de correlaciones existentes no permite todavía contar con el volumen adecuado de relaciones comprobadas para sacar conclusiones positivas, pero —como se verá más adelante— están aflorando relaciones genéticas que podrían fundamentar puntos de vista más esperanzadores.

Si en lugar de esgrimir los índices de felicidad se analizan los impactos vitales del optimismo o pesimismo en el ánimo individual, como se pudo ver en el capítulo 2, los resultados son mucho más claros.

¿Qué es la soledad y cómo se puede curar?

Una ponderación de las encuestas efectuadas en Estados Unidos indica que de una muestra superior a 20.000 entrevistados, casi un 30 por ciento se ven embargados por sentimientos persistentes de soledad. Se trata de un número de afectados nada desdeñable. Por sexos, hay más hombres que mujeres en esta situación. En cuanto a la edad, las diferencias empiezan a notarse al alcanzar la adolescencia, un periodo en el que los sentimientos de soledad son bastante frecuentes ya que se trata del momento de la vida en que se intentan construir relaciones estables de afecto y de consolidación de estatus social y en que los adolescentes quieren independizarse de sus progenitores, reafirmar su individualidad y sustituir a los padres como primeras figuras de apego. Es un periodo extremadamente complejo en el que el adolescente, como dice L. J. Koenig, «debe consolidar los distintos y múltiples aspectos de su personalidad privada y social».

La soledad tiene una influencia precisa tanto en la salud mental como en el bienestar físico. Se ha podido demostrar su vinculación con situaciones de timidez exagerada, neurosis, abandono social, escasa relación con el sexo opuesto, menor participación en actos públicos y religiosos, reticencia a revelar la propia intimidad, aumento de las precauciones antes de tomar una decisión y mayor desconfianza.

Y más grave aún, diversas investigaciones entre los jóvenes de enseñanza secundaria han sugerido una correlación significativa entre la soledad por una parte y el suicidio y el alcoholismo por otra. De lo que se deriva que el tratamiento de la soledad podría mejorar la salud física de la población y disminuir el número de pacientes psicosomáticos. Un ejemplo más de hasta qué punto es preciso activar las políticas de prevención, a medida que nos adentramos en el futuro.

«Doctor, ¿me puede dar un remedio para la soledad?» Es una pregunta rara vez formulada y que, sin embargo, podrían hacer multitud de jóvenes desamparados, mayores sin casa, moradores de hospicios y lugares de asilo. La gente no lo dice, no lo piensa. Pero lo siente. Ahora la ciencia acaba de descubrirnos que este sentimiento de soledad no es un subproducto de la depresión, sino que constituye un entramado patológico por sí solo.

La soledad debiera ser una de las bestias a abatir del entramado sanitario, un objetivo específico, en lugar de ser un añadido de terapias consideradas esenciales como la lucha contra la depresión. La soledad es tan importante o más que la depresión, y además es distinta. Los médicos y farmacéuticos sólo se ocupan de la depresión y atiborran, a menudo, a la población de fármacos que no están debidamente comprobados ni en la demora o plazo de su efecto ni el tipo de daño que, supuestamente, diluyen ni, por supuesto, en sus efectos secundarios, casi todos negativos.

Si de la depresión sabemos poco, a pesar de los esfuerzos prolongados por profundizar en su naturaleza, de la soledad todavía sabemos menos. Los psicólogos y neurólogos apenas están empezando a desentrañar sus efectos.

¿Qué es la soledad y cuáles son sus causas?

No es lo que parece. En realidad, la soledad es un estado mental que lleva a sentirse vacío por dentro, solo y rechazado por los demás. No se trata necesariamente de estar solo, puesto que puede darse en personas rodeadas de otras: lo que cuenta es la percepción de estar solo.

La necesidad de pertenecer a algo suele manifestarse como un deseo avasallador de formar y mantener, por lo menos, una cantidad significativa de relaciones interpersonales. Los humanos necesitan pertenecer a algún sitio, a un colectivo social, a una manada, les da igual; lo importante es pertenecer. Y es muy difícil aquilatar el valor del colectivo al que se decide pertenecer; quiero decir que la etnia puede ser mucho menos importante que la camiseta que le han puesto a uno. Se ha comprobado con el desfile de imágenes que la ostentación de las señas de un equipo, por ejemplo, borra el sentimiento racista que provocaba la imagen de una persona de color.

Aunque cueste creerlo, resulta que lo más importante para los humanos es pertenecer a alguien, y cuando esto falla, cuando no se pertenece a nadie porque a uno no le dejan, cuando a uno lo encierran solo, uno se asfixia. Los humanos soportamos muy mal la soledad.

Resulta que toda la pasión, pensamiento y acción de muchísima gente es el resultado del impulso para evadir el aislamiento causado por la disolución del clan familiar, la pérdida de los amigos del trabajo, el amor del resto del mundo. Detrás de todo lo que hacen, piensan o dicen los ensimismados, está el pánico a la soledad. A pesar de la diversidad de culturas, religión, sexo, idiomas o edad, resulta que los humanos lucen similitudes sorprendentes, como la necesidad de amor y, para recabarlo, el rechazo tajante de la soledad.

Durante muchos años, no sólo no nos hemos ocupado de la soledad, sino que la enaltecíamos. Si salías adelante solo, sin consultar con los demás, profundizando en tu propio universo, conociendo como nadie tus propios intestinos, eras merecedor de todos los elogios. No sabíamos casi nada del cerebro; no teníamos ni idea de que no se podía aprender sin el cerebro de los demás, que sólo los perversos podían ignorar los sentimientos de los otros, de que estabas condenado si no pertenecías a nada ni a nadie. Que lo peor era la soledad.

John Cacioppo, psicólogo de la Universidad de Chicago, es un experto en el estudio de la soledad y se dedica a investigar el impacto biológico de ésta sobre las personas que la sufren de manera crónica. Por una parte, Cacioppo y sus colaboradores han podido determinar, mediante estudios con gemelos, que la soledad tiene un componente genético, por lo que estaríamos frente a un mal que podría ser heredable.[3] Por otro lado, han descubierto que la soledad induce alteraciones en el sistema inmune, cardiovascular y nervioso, lo que explicaría los datos epidemiológicos que dicen que las personas que se aíslan socialmente experimentan tasas elevadas de cáncer, infecciones, depresión y enfermedades coronarias.

El doctor Steven Cole, de la Universidad de California, dirigido por John Cacioppo, quiso averiguar si la soledad deja huella genética en los linfocitos, las células inmunitarias responsables de nuestra salud. Para ello analizó la expresión génica en los linfocitos de catorce voluntarios: seis de ellos padecían niveles de soledad crónica muy elevados —según una escala de soledad validada desde 1970— y el resto de personas formaba parte de un grupo control. El análisis de los datos reveló que la soledad induce a una sobreexpresión de ciertos genes implicados en procesos inflamatorios y, por otra parte, conduce a una baja expresión de genes relacionados con la respuesta antiviral y la producción de anticuerpos. Estos resultados indican claramente que existe una asociación directa entre la experiencia subjetiva de la distancia social y la alteración en la expresión génica del sistema inmune. Como podemos comprobar, la ciencia nos muestra que el aislamiento social alcanza a algunos de nuestros procesos internos más básicos, como la actividad de nuestros genes.[4]

Es fácil subestimar el significado social de estos descubrimientos. Tradicionalmente siempre se ha negado —era imposible comprobarlo— el efecto en la salud física

166

de turbulencias anímicas o sociales tales como la soledad, un divorcio o un estrés exagerado. ¿Contamos, por fin, con unos datos indicadores de que no hay tal abismo entre un determinado estado anímico y una dolencia física o mental?

Dado que las enfermedades infecciosas han estimulado la evolución del sistema inmunológico y desencadenado determinados procesos sociales, es lógico imaginar que el sistema inmunológico haya desarrollado una sensibilidad molecular a los incentivos neurológicos y endocrinos de nuestras condiciones sociales. El estudio de las bases celulares permite entrever la respuesta al acoso y la soledad en nuestro sistema inmunitario. «Estos hallazgos —afirma Steven Cole— nos suministran dianas moleculares para tratar de bloquear los efectos adversos de la soledad social en la salud.»

Otro grupo de causas que encontramos en la base de los sentimientos de soledad son las llamadas «situacionales», como un cambio de destino o emplazamiento, el aislamiento impuesto o bien la conclusión de que, a pesar del crecimiento de las redes sociales, el afectado no cuenta con suficientes personas en las que confiar. Experimentos realizados a lo largo de diez años han demostrado que ese número de confidentes particulares es ahora menor de lo que era. En todo caso, como ocurre con otras desviaciones, resulta que la soledad puede ser contagiosa: gente cercana a personas solitarias tenían un 52 por ciento de probabilidades de convertirse también en solitarios. El papel de las redes sociales no es, pues, descartable.

Lo absolutamente nuevo en la medicina que está aflorando es la inserción de la soledad en el ámbito más amplio de las redes sociales, así como la aceptación de la necesidad universal de pertenecer a un colectivo que experimentan los humanos, sobre todo los jóvenes.

Las carencias mentales
se notan más que las físicas

Se debería remarcar hasta la saciedad el descubrimiento
más trivial y a la vez trascendental de la vida cotidiana: el
cerebro nota la intensidad de una carencia física y localizada como el hambre con el mismo sello que un agravio
psicológico y generalizado como el rechazo social.

Cuando se trata de dar explicaciones de comportamientos que tienen que ver con nuestros sentimientos o
emociones, se olvida la magnitud o intensidad despropor-
cionada de esos comportamientos en comparación con hechos físicos y no mentales, supuestamente también comprobados, como los descalabros sociales de la guerra, del
hambre, del sexo o de la pobreza.

Sorprende la ligereza con que, contra toda evidencia,
se descartan los efectos desgarradores de las emociones
mal llevadas, como la tristeza o la soledad. La envergadura de los desperfectos sociales causados por sentimientos
en lugar de por condicionantes fisiológicos como el hambre es muchísimo mayor. Son, además, factores desenca-
denantes de males individuales y sociales mucho más exa-
cerbados.

La gente necesita atención íntima y confirmación de su
propia identidad; se acepta muy mal la falta de relaciones
humanas de calidad y se estará dispuesto a cualquier cosa
para satisfacer esa necesidad de otros. Aunque la especie
humana es muy distinta, es sorprendente constatar que,
al margen del sexo, edad, cultura, idioma o convicciones
profundas todos se asemejan en algo fundamental: la búsqueda del amor y aceptación de los demás es generalizada
e irrefrenable.

Robert S. Weiss ha explicado que ninguna relación social por sí sola puede satisfacer todos los objetivos de afecto buscados. El matrimonio servirá, primordialmente, para hacer frente a la necesidad de apego; la búsqueda de integración social, en cambio, es posible que se vea mejor satisfecha por las redes sociales. Dado que son muchas las ventajas o beneficios derivados de las relaciones sociales, no es de extrañar que las dificultades para preservarlas generen sentimientos depresivos, de ansiedad o soledad.

La soledad es un fenómeno multidimensional; la soledad de un niño que acaba de perder a su madre no tiene nada o muy poco que ver con la de un niño sin amigos. Diferentes déficits anímicos dan lugar a distintas clases de soledad: la soledad emocional es el subproducto de la falta de aprecio hacia otra persona que puede suscitar sentimientos de vacío o ansiedad, mientras que la soledad social es el resultado de la falta de relaciones sociales gracias a las cuales la persona puede formar parte de un grupo; la exclusión o ausencia del grupo se traduce en sentimientos de aburrimiento, marginación y vida sin sentido.

El divorcio constituye una razón comprobada de soledad enfermiza. Es bien conocida la reacción inicial a la pérdida de un amor o consorte: en el periodo inmediatamente posterior no se quiere contactar con nadie por quien se pueda sentir una atracción sexual. El mecanismo de la toma de decisiones está tan influenciado por la separación que es extremadamente difícil suplantarla sin correr riesgos innecesarios; el proceso desemboca, por supuesto, en la inmersión en estados solitarios.

Por último, se puede tratar de causas de orden anímico, como sería una baja estima de sí mismo. Es evidente, no obstante, que muchas de las causas llamadas anímicas nos retrotraen a motivos que tienen mucho que ver con la ausencia de sentido de pertenencia al grupo o manada. Ahora bien, se conocen mejor los efectos de la soledad que sus causas. De todos los impactos identificados, lo más inteligible consiste en agruparlos en físicos (como trastornos cardiovasculares, conducta antisocial o envejecimiento) o mentales (trastornos cerebrales, alcoholismo y drogadicción, baja autoestima y estrés, poca capacidad de aprendizaje y mecanismos de decisión anormales). Enfrentados con esos desafíos, los solitarios adoptan una dieta con elevados contenidos de grasa, duermen mal y se cansan más durante el día.

En directa relación con todo ello está *«the attachment theory»*, la teoría del apego infantil a los padres formulada por John Bowlby, que sigue siendo un punto de referencia capital en la bibliografía referida al cuidado infantil. Para Bowlby, el restablecimiento de los lazos con amigos y el resto de conocidos sigue siendo indispensable para fortalecer la seguridad individual. Bowlby y otros psicólogos insisten en la importancia de las influencias impartidas en una edad temprana.

Existen otras teorías formuladas por distintos expertos que vale le pena no olvidar. Una de ellas es la llamada teoría de la «discrepancia cognitiva», que explica la soledad como un cúmulo de discrepancias entre las relaciones que uno querría tener y las que puede ver en la vida diaria.

Las cuatro pistas del psicólogo John Cacioppo para salir de la soledad están reflejadas en el acrónimo inglés *EASE*. *«Extend yourself»* da cuenta de la E inicial y recuerda la necesidad de extenderse, de prolongarse más allá de uno mismo, recurriendo a las redes sociales, al voluntariado, al deporte en equipo o a cualquier tipo de actividad en grupo. Sigue la A de la aplicación de planes de acción, *«action plans»*, para salir de la crisis y recobrar la convicción de que el sentimiento de soledad es algo de lo que hay que recuperarse. La S de *«selection»* nos habla de la necesidad de seleccionar entre las personas conocidas, en busca no tanto de una gran cantidad de relaciones como de relaciones de calidad, relaciones que nos llenen, que nos hagan más felices. Por último, la vocal E al final de la palabra sugiere esperar lo mejor, *«expect the best»,* y constituye una llamada al optimismo y a entender los efectos de la soledad sobre la salud física y mental.

Capítulo 9

Salud física, actitudes y salud mental

El mundo que vemos y el que imaginamos

Uno de los principios más curiosos de la ciencia cognitiva es que asegura que los humanos asumimos con toda naturalidad que el resto de nuestros congéneres cuentan con esencias invisibles que hacen de ellos lo que son. Aunque esta idea parezca misteriosa, no es nada extraño que Paul Bloom, profesor de psicología de la Universidad de Yale, la considere obvia. Cuando se es consciente de la complejidad, e incluso tenebrosidad, del proceso de percepción —algo que los buenos psicólogos no han tenido más remedio que estudiar en profundidad—, no es extraño que hasta las esencias invisibles formen parte de ellos.

Para profundizar en el mundo en el que nos movemos los humanos, es aconsejable distinguir primero las diferencias en la percepción de los animales no humanos. Estos últimos disfrutan de la comida, la bebida y el sexo; les gusta descansar cuando están cansados y que se les calme con afecto. Lo que les gusta es, precisamente, lo que la biología evolutiva dice que les gusta.

Nosotros también. Pero además disfrutamos de otras cosas. Empatizamos con los demás o nos ponemos en su lugar, y gozamos del arte, de la música, de los cuentos, de los objetos sentimentales y de la religión. Todo lo anterior es el resultado de mecanismos mentales que muy poco o nada tienen que ver con la biología evolutiva y sí con lo que llamamos «cultura», que los animales pueden compartir, pero en mucho menor grado que nosotros. La diferencia puede que tenga que ver con lo que Paul Bloom llama «esencialismo», esto es, la idea de que nuestras creencias sobre el origen, historia e incluso simbolismo de una persona u objeto condicionan la forma de relacionarse y, más allá de la mera ilusión, nos producen placer o dolor. Y es que los placeres más simples están influenciados por lo que cada individuo piensa previamente de ellos.

Por tanto, podemos decir que el placer que nos producen una persona o cosa determinada arranca de lo que consideramos inherente o esencial a esa persona y esa cosa. En otras palabras, el placer está directamente influenciado por lo que la persona cree que le produce placer. El mundo que vemos no es el que cuenta, sino lo que consideramos esencial.

Y en todo ello tiene un papel de gran importancia la percepción de lo que nos rodea, en especial la percepción visual, que es el proceso por el cual nuestros ojos observan imágenes y transmiten información al cerebro para que éste la seleccione, agrupe e interprete. Durante este proceso, el cerebro decide si el estímulo visual que capta en ese instante es importante, o no, y por ello, aunque recibimos muchísima información, buena parte de ella se aloja en nuestro inconsciente y no deja impresión en nuestra conciencia. Por eso a menudo no percibimos todo lo que nos rodea, incluso si está en nuestro campo de visión. A pesar de los esfuerzos de la comunidad científica, el origen y los mecanismos de la percepción consciente permanecen todavía sin resolver, y constituyen uno de los misterios de la neurofisiología.

Pero volvamos al esencialismo. Aunque en España muy poca gente lo crea, el considerarse de derechas o de izquierdas no hace referencia a algo netamente humano, que apunte a la esencia de un individuo; a compartir los sentimientos del otro o a ser insensible a su sufrimiento; a preferir el arte figurativo al arte abstracto; a estar literalmente enamorado de los fósiles, porque le trasladan a uno con mayor facilidad que otros objetos a millones de años atrás; a compartir la idea de que el universo pudo empezar con una explosión del espacio y el tiempo, representada por el big bang, en lugar de por la voluntad creadora de un Dios. Todo eso sí define la esencia de un individuo o de su percepción.

Hablemos ahora de un concepto importante en el trasfondo del mundo que hemos configurado: la globalización. Son multitud los que achacan a la capacidad de conectar, transferir, empatizar con el resto desconocido del planeta la fuente de todos nuestros males. Asumir comportamientos ajenos y diluir los heredados no tiene buena prensa, cuando lo que define todo el potencial desarrollado por aquellos antepasados nuestros de hace 50.000 años fue, justamente, su aparentemente improvisada capacidad globalizadora.

Ha sido la apertura al exterior lo que nos ha permitido crecer de forma insospechada por dentro. El inicio de la Transición en nuestro país estuvo marcado por dos procesos igualmente trascendentes: el restablecimiento de la democracia y la apertura de España al exterior, con su integración en Europa. ¿Cuál de los dos procesos contó más y cuál fue considerado como más esencial aunque no lo fuera? Difícil decisión.

La supuesta falta de atención del alumno del profesor Prensky que citaba en el capítulo 4 hacía referencia, por supuesto, al desinterés suscitado en las nuevas generaciones por los viejos predicamentos, tanto como su tendencia, cuando no vocación, a explorar nuevos sistemas innovadores, como los apuntados por los videojuegos y las tramas del mundo digital.

Ahora bien, de lo que no eran conscientes ni los padres del adolescente ni los propios adolescentes era que aquella camiseta —con la inscripción «*Mom, it is not an attention deficit, it is that I am not interested*»— sólo podían disfrutarla o aborrecerla gracias al juego de la globalización que la había sustentado. Si podían leer la inscripción en la camiseta, que rechazaban o aplaudían, era porque años antes algún agricultor en otro continente había sembrado las semillas que dieron lugar luego al componente vegetal de la prenda; gracias también a que fabricantes de máquinas en otros países habían sabido compaginar tejidos naturales con fibras artificiales, y a que alguien más, desde otros centros lejanos, había sabido instrumentar la conexión entre fabricantes y consumidores. El concepto de globalización no sólo no acaba de inventarse, sino que está en la base del acervo científico y del desarrollo humano.

Otra de las diferencias entre el mundo que vemos y el que imaginamos es el peso de las catástrofes ocurridas, que siempre tendemos a confundir. De acuerdo con la FAO, en un año típico de la última década se morían unos sesenta millones de personas, de los que más de diez millones habían perecido víctimas de alguna enfermedad infecciosa y sólo en torno al 1 por ciento por causas bélicas, un porcentaje que la mayoría de la gente imagina muy distinto. Igual ocurre con relación al pasado: se tiende a olvidar que las cifras de víctimas de la lucha armada en tiempos prehistóricos —como ha demostrado Lawrence Keeley— eran incomparablemente más elevadas que en nuestra época, incluso efectuando la comparación con la época de las guerras mundiales.

El esfuerzo y la lucha diaria por el alimento del género humano, cazadores-recolectores desde hace 2,4 millones de años (84.000 generaciones), comenzó a mitigarse con la llegada de la revolución agrícola del Neolítico, hace

10.000 años (350 generaciones). Los humanos por fin nos pudimos asentar y fundar ciudades, civilizaciones. Luego llegó la revolución industrial (hace siete generaciones), y actualmente, en la era digital (hace dos generaciones), todavía poseemos de manera innata e inalterada, como nos cuenta el médico y científico James H. O'Keefe, la misma capacidad y los requerimientos para el ejercicio que nuestros antepasados de la Edad de Piedra. Resulta irónico comprobar que cuando la civilización moderna y el sedentarismo excesivo están acabando con los últimos vestigios del estilo de vida del cazador-recolector, la ciencia por fin se está dando cuenta de la importancia de ésta para la salud humana actual.[1]

La salud física es el requisito de la salud mental

Los psicólogos y fisiólogos se han puesto de acuerdo en que no sólo las emociones sino su expresión son interpretadas con idénticos criterios por personas de todo el mundo. Resulta que, al margen de su sexo, los rostros bellos activan el cerebro y los circuitos familiarizados con el placer.

No sólo nuestros pensamientos y sentimientos íntimos canalizan nuestra conducta, sino que nuestra forma de comportarnos influye también en nuestro modo de pensar: un lápiz entre los dientes —forzando un rictus facial similar a una sonrisa— termina por generar un mayor sentimiento de felicidad; es bien conocido que mirarse a los ojos favorece el enamoramiento o que hacer el gesto de acercarse a la mesa de trabajo nos hace más creativos. A veces la experimentación y la prueba han torpedeado convicciones muy generalizadas, como que la música de Mozart es mejor que la de Brahms para recuperar el sosiego de los niños.

Uno de los problemas más graves con que se enfrenta España es el creciente índice de obesidad de la población, un factor que incide muy negativamente sobre la salud. La obesidad está asociada con un riesgo elevado de padecer diabetes mellitus de tipo 2, síndromes metabólicos, ataques de corazón y ciertos tipos de cáncer e hipertensión.

Dicha enfermedad surge de la interacción de ciertos genes, factores medioambientales y determinados comportamientos, una etiología tan compleja que convierte su control y su prevención en un desafío de enormes proporciones. Se está poniendo de manifiesto que, aunque los entornos que favorecen la obesidad juegan un papel muy importante en el desarrollo de la enfermedad, el factor de riesgo más importante es el componente genético: los epidemiólogos nos dicen que la contribución de los genes en el riesgo de sufrir obesidad varía entre el 55 y el 85 por ciento.

Asimismo, diferentes estudios epidemiológicos coinciden en predecir que en 2015 el 75 por ciento de la población adulta de Estados Unidos padecerá sobrepeso (es decir, que tendrá un índice de masa corporal —IMC—, que se obtiene al dividir el peso, en kilogramos, por la altura al cuadrado, igual o superior a 25) y el 41 por ciento será obesa (tendrá un IMC igual o superior a 30). La Organización Mundial de la Salud aconseja a la población mayor de veinte años un IMC de entre 8,5 y 24,9. Hay que tener en cuenta que un IMC por encima de 25 aumenta el riesgo de muerte.

Es un problema que afecta a ambos sexos, pero los intentos para salir de los hábitos heredados son más frecuentes en las mujeres que en los hombres. Basta con contemplar, sentado en una terraza, la cantidad de varones demasiado parecidos al chimpancé —nuestro antepasado común— y compararlos con las herederas de Lucy, el fósil de unos dos millones de años con la que han perdido todo parecido las mujeres.

Parece incomprensible que ni las instituciones sociales ni los propios afectados hayan reaccionado contra los desperfectos generados por un sistema de vida, y no sólo alimenticio, más característico de un país en vías de desarrollo que de un país desarrollado. Justo ahora algunas escuelas han comenzado por fin a controlar el nivel de grasas del régimen escolar. En nuestro país, gran parte de la culpa recae en la rapidez del proceso de modernización al final de la dictadura así como la llegada a los suburbios urbanos de poblaciones hasta entonces agrícolas, acostumbradas a regímenes alimenticios más sobrios.

A pesar de haber denunciado una tolerancia excesiva ante la obesidad, también es cierto que empiezan a evidenciarse disponibilidades antes inexistentes para cambiar costumbres, en consonancia con el mundo moderno: hay quien decide nutrirse cuando le apetece y quien decide sólo comer, en cambio, sólo muy de vez en cuando y de acuerdo con un programa de adelgazamiento, para evitar la obesidad generadora de un rechazo social que se va generalizando.

En principio, pues, la salud física es positiva para la salud mental. Pero, ¿cuáles son los rasgos físicos que ejercen su impacto en la configuración mental del placer?

Hoy día los conocemos bien: la simetría en primer lugar, seguida de aquellos atributos que denotan una buena salud: piel sin fisuras, ojos claros, dientes intactos, pelo abundante y sedoso, y dimensiones corporales normales. Todos esos rasgos apuntan, por supuesto, a que la belleza equivale a la ausencia de dolor. El cuerpo dotado con los rasgos citados le está diciendo al observador que su metabolismo funciona correctamente y que, por lo tanto, ninguna enfermedad está hipotecando su idoneidad para el amor y la procreación.

Tal vez la simetría merezca un comentario adicional. Hemos constatado su existencia e impacto en el resto de los mamíferos y muchos otros animales; se ha medido el nivel de fluctuaciones asimétricas porque se estaba seguro de que una enfermedad grave, una nutrición escasa o defectuosa, la existencia de parásitos o el puro peso de los años la afectan. Un rostro proporcionado delata que ninguna enfermedad, como la malaria, ha desfigurado esa cara.

Se puede alegar que la simetría no parece fácil de constatar en cuerpos que, esencialmente, no son simétricos, y la verdad es que las dimensiones de la felicidad y el amor pueden darse al margen de la simetría. Habría que precisar que las mediciones se refieren siempre a promedios y que lo que es verdad en un promedio puede no serlo, por supuesto, en un individuo.

Probablemente, habría que distinguir también entre aquellos rasgos diseñados para llamar la atención y los que pueden dar cabida al amor. En el primer caso, lo que se está intentando medir es el nivel de fluctuaciones asimétricas; en el segundo, en cambio, se intentan perfilar las dimensiones de la felicidad que tienen que ver con el control de uno mismo sobre la propia vida, las relaciones personales comparadas con otras causas, como los niveles de renta o educación.

La salud mental y la capacidad de activar un determinado sentimiento de solidaridad o rechazo siguen siendo una cuestión abierta, al margen de rasgos conocidos y estudiados, como el impacto en el rostro de la enfermedad

Preferimos huir de la realidad.

o el nivel de fluctuaciones asimétricas. Ahora sabemos, por ejemplo, que la identificación de rasgos que nos son familiares —al contrario de lo que ocurre con los extraños— convierte a una persona en atractiva. La risa o la imagen de un rostro sonriendo despiertan más empatía que un perfil triste o cerrado a cal y canto, aquí y en China.

La gran paradoja de estos tiempos modernos es que, estando todo preparado para que la gente derroche su tiempo y disfrute comiendo, calmando su sed, fornicando, eliminando parásitos o participando en competiciones deportivas, muchos hayan decidido, por el contrario, huir de la realidad, subproducto de sus deseos atávicos, y zambullirse en el mundo imaginario, cuando no digital, leyendo libros escritos por otros, viendo películas en las que no han tenido nada que ver, jugando con videojuegos, empatizando con sentimientos ajenos, compartiendo *on line* experiencias inesperadas y digitales o, simplemente, fantaseando y soñando cosas que no son de este mundo.

La salud física ya no es sólo un objetivo médico que implica curar enfermedades para que el individuo pueda realizar las tareas que evolutivamente garantizan la supervivencia de la especie, como comer, beber, cazar, fornicar y dormir. Ahora resulta que el cuidado de la salud física es doblemente importante porque sin ella difícilmente pueden proponerse o alcanzarse objetivos como empatizar con los demás, desarrollar juegos que introduzcan en universos hasta ahora desconocidos, inventar estrategias de colaboración en las redes sociales, profundizar en el conocimiento impulsado por otros o llevar a buen término proyectos colectivos.

El cuidado de la salud mental: conversaciones del autor con Shlomo Breznitz

Mantener la lucidez es un ejercicio tan duro como mantener la línea. Estamos acostumbrados a manipular nuestro cerebro con fármacos. Hay uno para cada dolencia, ya sea de la cabeza o del estómago; pero no es seguro que el futuro sea tan simple. En una ocasión tuve la oportunidad de repasar con Shlomo Breznitz, psicólogo y ex profesor de la Universidad de Haifa, en Israel, los adelantos que se estaban produciendo en el ámbito de la salud mental, con una visión totalmente distinta de las enfermedades.

Estamos en una nueva era en la que enseñaremos a nuestros cerebros a corregirse ellos mismos. Para Shlomo Breznitz, el ritmo de esos avances será lento pero inevitable. El proceso de cambio será más fácil a medida que se vaya aceptando la obviedad de que la asimilación de los cambios mentales es buena para la salud física; cambios mentales, de métodos, de idioma, del lugar de residencia, de las costumbres.

Shlomo Breznitz: ¡Qué bien lo has descrito! Creo que la diferencia entre los fármacos y lo que comentas es que los primeros no son nada específicos: tienen efectos parecidos sobre grandes áreas del cerebro, justo lo contrario de los cambios a que te referías, como los que afectan a la mente. El problema es que se produce una contradicción entre lo que es bueno para la persona y lo que a uno le apetece hacer; a la gente, sobre todo a la gente mayor, les gusta hacer las cosas como las han hecho siempre. El problema es que, cuando el cerebro desarrolla rutinas muy fuertes, ya no necesita pensar. Todo se hace automáticamente, con mucha rapidez y eficacia, e incluso en muchos sentidos de forma más rentable, pero de ese modo surge la propensión a aferrarse a las rutinas. Y la única forma de salirse de la rutina es confrontando el cerebro con información nueva.

Eduard Punset: Pero la gente no quiere cambiar. ¿Por qué no quiere cambiar?

S. B.: Porque hacerlo aumenta un poco el nivel de ansiedad. Cuando estás en un entorno familiar, te encuentras mucho más a gusto. Nunca sabes lo que va a ocurrir si vas a un sitio nuevo. Hay un cierto nivel de ansiedad implícito en el propio cambio y la gente tiene que superarlo.

E. P.: En varias universidades se está ahora investigando acerca lo que podríamos calificar de «entrenamiento cerebral», es decir, cómo preparar el cerebro para esta nueva situación de ansiedad. Los primeros resultados de esa investigación han sido cuestionados, en el sentido de que los ejercicios mentales mejoran una capacidad específica —como ocurre con la memoria o el ánimo de concentración—, pero no ámbitos más generales, como una disciplina determinada. La gente reclama, con razón, resultados que puedan generalizarse o transmitirse a otros campos, además de los específicos de la memoria o la capacidad de concentración.

S.B.: Entiendo perfectamente estas preocupaciones y ése es el motivo por el que la aplicación de los nuevos programas abarca ya un gran abanico de habilidades cognitivas al mismo tiempo. Prácticamente todas las habilidades cognitivas básicas que conocemos están siendo integradas en el programa, porque hemos comprobado que, por ejemplo, la memoria está relacionada con la atención: si no prestas atención a algo, no puedes grabarlo en la memoria; y con la percepción: si no lo percibes correctamente, porque estás distraído o por cualquier otro motivo, no puedes almacenarlo bien en la memoria. De modo que tienes que ocuparte de todos estos elementos a la vez.

Cuando uno se hace mayor, siente que las cosas son cada día más complicadas; nos enfrentamos a serias dificultades para asimilar aquello que hace un tiempo no costaba apenas esfuerzo retener. Shlomo Breznitz explica lo más obvio, lo que demasiado a menudo se olvida: la capacidad de aprendizaje no se pierde para siempre con la edad. Él cita el ejemplo de personas mayores que nunca habían utilizado el ratón de un ordenador. El aprendizaje es duro al comienzo, pero está comprobado que no sólo es posible aprender su uso, sino que se produce una mejora apreciable del estado de ánimo de la persona mayor; ésta constata que ha superado con la práctica problemas que parecían diseñados para sus hijos y nietos, no para ellos.

Queda por aclarar por qué los juegos, videojuegos y programas de adiestramiento específico —en lugar de relatos estrictamente expositivos— son tan útiles.

Shlomo Breznitz: Bueno, me gustaría distinguir entre los juegos que han empezado a utilizarse para los ejercicios mentales, y aquellos programas científicos que incluyen algunos elementos lúdicos y divertidos. Estos elementos lúdicos y divertidos son importantes en términos de motivación para la persona. El segundo requisito, que también es muy importante, es que el ejercicio realmente se adapte al nivel de cada uno. Ni mucho ni poco, porque si no te puedes aburrir rápidamente o, por el contrario, sentirte frustrado si es demasiado difícil. Es por ello que los primeros ensayos van siempre precedidos de un diagnóstico de la capacidad cognitiva del practicante, para elegir el ejercicio en función de esta evaluación.

Son varias las ventajas de los programas diseñados específicamente para mantener viva la salud mental, relacionados con ejercicios más conocidos y anteriores en el tiempo como el sudoku, el ajedrez o el bridge. En primer lugar, el cerebro puede enfrentarse a los juegos tradicionales mediante modelos de repetición que pueden servir para profundizar en el conocimiento específico, pero que van perdiendo su utilidad con el tiempo. En los programas cognitivos, en cambio, se prevén interacciones entre varias personas para poder beneficiarse de los logros ya demostrados en la utilización de las redes sociales.

Lo maravilloso de la interacción social es que nunca se pueden predecir totalmente sus resultados finales, salvo el simple hecho de que las personas mayores mejoran su estado anímico conociendo a otras personas mayores e interactuando con ellas tanto como puedan. Permanecer solo con sus propios pensamientos, dándole vueltas a las cosas una y otra vez, conduce a menudo a la depresión más que a algo positivo.

No es difícil visualizar un escenario en el que dentro de un par de décadas, junto a los aparatos para ejercicios físicos, haya en los hogares o instituciones interesadas ordenadores especializados en salud mental. Será el momento entonces de saber si estos nuevos programas y técnicas podrán también coadyuvar en el aprendizaje cerebral, curando enfermedades como la depresión, la dislexia, la esquizofrenia o incluso el intratable Alzheimer.

Las primeras exploraciones efectuadas con personas disléxicas han permitido ya identificar sus causas, que parecen nutrirse de las limitaciones de la memoria operativa a la hora de establecer patrones adecuados de reconocimiento de las palabras, por lo que la capacidad lectora no es automática. Mediante el uso de encefalogramas con electrodos se ha descubierto que en los estudiantes disléxicos no aparecen determinadas ondas que sí surgen en el caso de personas sin alteraciones fisiológicas. Los especialistas de la Universidad de Haifa parecen haber conseguido expresiones similares del comportamiento neurológico en los dos grupos, de manera que se ha logrado un cambio en el modo de procesar del cerebro de los estudiantes disléxicos. Otra prueba de que la salud física y la salud mental están íntimamente vinculadas.

Por tanto, es evidente que en el futuro algunas cosas importantes cambiarán. El concepto del coeficiente intelectual, diseñado para evaluar la preparación necesaria de un ciudadano en la llamada sociedad industrial y que durante años ha dominado la forma de calificar a las personas, ha dejado de ser ya para la mayoría de los psicólogos e instituciones un elemento insustituible del entramado social. Otro gran cambio será, por supuesto, el sistema educativo, que dejará de ser el instrumento eminentemente descriptivo que es ahora para transformarse en una herramienta de gestión emocional y del conocimiento.

Capítulo 10

Lo peor es pararse y lo mejor formar parte de la manada

Lo peor es pararse

Cuando empecé, hace ya años, a contestar afirmativamente a la gente de la calle —a los que querían hacerse una fotografía conmigo, o que les firmara un libro, o presentarme a su abuela o nieta, porque eran admiradoras mías y no podría darles mayor alegría— les recalcaba que no sólo no tenía ningún inconveniente sino que todo lo aprendía de ellos.

Al comienzo, pensé que tal vez exageraba un poco. Hasta que conocí al taxista madrileño que me contó la historia de su peña de amigos. Después de escucharlo, sé que gran parte del conocimiento está intacto y disponible en las redes sociales, en la gente de la calle. Es un acervo editado, codificado, intocable, recuperado siempre que lo queramos, listo para archivar o remitirlo a otros. Es otro de los grandes cambios que alimentan las actitudes optimistas de cara al futuro, en especial cuando lo comparamos con la aberración del pasado.

Yo recuerdo perfectamente que en el colegio, el primero de la clase era un ser solitario, pequeño, con gafas, no era líder de nada ni nadie y sacaba su supuesta sabiduría del fondo de sí mismo. Los más altos y apuestos, los que corrían más aprisa, los que más éxito tenían con las chicas, los jefes de la manada, eran los que siempre estaban rodeados de amigos que les hacían la pelota o que lo eran de verdad. Ahora bien, en general no les interesaban los contenidos académicos. No eran los primeros de la clase.

Hoy ocurre exactamente lo contrario. Los más altos y bellos no sólo tienden a ser los mejores, sino que casi todos acaban siendo ingenieros de caminos o telecos. Por primera vez en la historia de la evolución, somos conscientes de que estar pegado a los demás representa una ventaja incuestionable. Formando parte de la manada —ya no digamos liderándola— es más fácil ser feliz y optimista.

A todo esto, no tengo más remedio que recordar la anécdota del taxista madrileño, que parecía hecha a propósito para el colectivo de los llamados ni-ni (ni estudio ni trabajo). Al taxista madrileño lo acababa de sorprender con la historia de mi casa del pueblo, en la que pasé la infancia, con su dormitorio/estudio en el que amaba aislarme de los demás para penetrar en el universo de todos y encontrarme a mí mismo, en lugar de buscar como ahora la compañía presencial o virtual de los amigos.

—¡Qué casualidad! ¡Qué casualidad! ¡No me diga que le puedo contar la historia que ha acabado con el entierro de mi amigo Juan Alberto.

Yo iba camino de la estación de Atocha para tomar el AVE a Zaragoza, donde me esperaban los alumnos de la Facultad de Física para una conferencia. Tenía después una comida con el alcalde de Zaragoza, Juan Alberto Belloch, y su mujer, Mari Cruz Soriano, presentadora de televisión, ubicados los dos en mi memoria implícita, junto a otros personajes queridos.

—Todo esto empezó hace trece mil millones de años —le solté muy serio al taxista—, o sea que de Santa Engracia a Atocha tenemos tiempo suficiente. ¿Cómo dice que se llamaba su amigo? —le pregunté.

Lo sorprendente —aunque a él nunca le dije que al poco tiempo estaría con el otro Juan Alberto— es que el amigo del taxista se llamaba igual que el entonces alcalde de Zaragoza.

—Se llamaba Juan Alberto —repitió el taxista—. Era el más divertido de toda la peña, se le daban muy bien las mujeres y siempre nos contaba historias con las que nos partíamos de risa. No malgastaba demasiado dinero, pero le gustaba jugar a la lotería; no sé ni a cuál jugaba, pero jugaba, y hace un año y medio le tocó. Tampoco mucho, pero bastante.

—No me diga que eso cambió su vida…

—Sólo un poco al comienzo, pero después muchísimo. En cuanto empezó a contar con algo de dinero dejó de llamar un día sí y otro no; antes no pasaba una semana, como máximo, sin que saliéramos todos juntos a tomar unas copas por la noche. Luego, con el tiempo, dejó de llamar; primero una semana, después un mes, hasta que en los últimos tiempos teníamos que ir a su casa y sacarle a rastras. Para hacerle la historia corta, al final tuvimos que llamar a la policía para que derribara su puerta: lo encontramos muerto con una barba hasta el estómago.

Pensé que, efectivamente, pararse era lo peor que uno podía hacerles a sus neuronas y, por lo tanto, a sí mismo. «Si te paras, si dejas de moverte, se van extinguiendo tus neuronas y decaen las ganas de vivir», les repito siempre a mis alumnos. Ocurre exactamente lo contrario de lo que se nos decía de pequeños: el niño solitario, sin apenas contacto con los demás, era el más afortunado. Hoy sabemos que lo mejor es no parar, no sólo en la infancia, cuando más deprisa deben asimilarse los conocimientos que llegan del mundo exterior, sino también en la senectud, cuando se pierde o destruye un importante porcentaje de capacidad regenerativa. Estábamos equivocados cuando éramos niños y están equivocados también los ni-nis, que ni quieren trabajar ni quieren estudiar.

Lo mejor es formar parte
de la manada

En términos evolutivos ya hace tiempo que se intuía la importancia del grupo como prescriptor del pensamiento y conducta de los individuos. A nadie sorprendían, pues, hallazgos como el de que en Estados Unidos un 75 por ciento de los homicidios cometidos eran en el seno de la manada, es decir, que asesino y víctima se conocían.

La importancia de la manada, lejos de disminuir, aumenta y crecerá en el futuro. Tanto es así, que hoy podemos hablar del código de la vida no sólo como ADN, sino como evangelio de pautas de acción colectivas. Para empezar, todo el mundo intuye ahora algo que va contra la aritmética más elemental: el grupo es mayor que la suma de las partes. En realidad, buena parte de las innovaciones, si no todas, son el resultado de las interacciones entre varios individuos que forman parte de la manada. La conexión implica contagio y el contagio es absolutamente necesario para avanzar.

Ya no cabe sobrevivir al margen de la manada. Es posible que en un momento dado de nuestras vidas decidamos el tipo de grupo o colectivo en el que nos apetece cobijarnos, pero tarde o temprano es la naturaleza del grupo la que va a influenciar nuestros actos. No todo depende del grupo, pero casi. Está comprobado, por ejemplo, que los hijos de divorciados tienden a comportarse de una manera determinada, que no es mejor ni peor, sino distinta: pubertad adelantada, determinados hábitos que sólo pueden ser el resultado de la ausencia paterna. El caso más patente del impacto del grupo en la naturaleza individual puede verse con lo que está ocurriendo entre los jóvenes.

La huida de la realidad hacia un universo más variado puede caracterizarse por una utilización inesperada del excedente cognitivo —la práctica de un deporte determinado o la profundización en el conocimiento de un universo distinto— o también por la adherencia a símbolos, códigos y comportamientos rupturistas.

Ya se podía constatar ese éxodo de la realidad antes de la eclosión de las redes sociales: los más estudiosos se solían juntar con los más estudiosos; no eran los que solían tener mayor número de amigos los que se sumían fácilmente en la soledad, y ya se sabía que sólo un 30 por ciento de las personas se casan con alguien a quien nadie les ha presentado. Pero no se era consciente ni se programaba uno la vida individual o institucional en función de estos conocimientos.

Sin que nos hayamos enterado, se ha producido un cambio fundamental gracias a las redes sociales de la manada. Uno de los grandes defectos del conocimiento científico en el pasado reciente es que profundizaba cada vez más en menos materia, hasta que se sabía todo de nada. Hoy se ha generalizado el convencimiento de que todas las innovaciones son el fruto del esfuerzo multidisciplinar, de las interacciones de unos con otros, hasta el punto de que permiten la emergencia de un conocimiento que forma parte de las cualidades del colectivo que no pueden rastrearse profundizando en los individuos.

Tanto los simios como los humanos salidos de un antecesor común se manejaban con grupos sociales que difícilmente superaban los ciento cincuenta miembros conocidos. Más allá de este número era imposible constituir una red que no fuera de rechazo o aversión. La innovación social tenía unos límites marcados.

La situación actual es muy distinta. Los ciento cincuenta conocidos de antaño se pueden encontrar todos juntos en el lugar de trabajo; los amigos y contactos *on line* por sí solos pueden duplicar o cuando menos repetir esa cifra; otro tanto ocurre con las redes sociales tramadas por intereses de esparcimiento relativos a aficiones distintas y, todo ello, esparcido en un universo sin límites ni fronteras. Comparado con la realidad de todos los días, resulta que el universo digital estimula hasta límites insospechados la conectividad social. ¿Cómo no van a generarse entramados emocionales desconocidos hasta ahora?

El estallido
de las redes sociales

Aunque los primeros esbozos del estudio de las redes sociales se remontan a la antigua Grecia, el desarrollo del campo ocurrió hacia 1930. Fue un sociólogo austríaco llamado Jacob L. Moreno quien inventó el sociograma, una representación gráfica del mapa de las relaciones de amistad o trabajo dentro de un grupo de personas, una especie de Facebook muchísimo más simple, pero muy eficaz a la hora de investigar relaciones interpersonales.

Nicholas Christakis, profesor de la Universidad de Harvard, y James Fowler, profesor de la Universidad de California, en San Diego, estaban muy interesados en estudiar fenómenos de contagio social —siempre se tuvo la sospecha de que las conductas son contagiosas— y deseaban demostrar científicamente observaciones del tipo «¿fumar es contagioso?», «¿se contagia el voto?», «¿y la felicidad?». Para ello buscaron estudios en los que se recopilasen los datos relativos al mayor número de personas para que se pudiesen extraer conclusiones estadísticamente significativas. Y hallaron el Framingham Heart Study. Se trataba de un ambicioso proyecto que se inició en 1948 y que durante tres generaciones, hasta 2003, realizó un estudio epidemiológico para identificar factores responsables del desarrollo de enfermedades cardiovasculares entre los ciudadanos de la ciudad de Framingham, Massachussetts. Inicialmente, los 5.209 voluntarios se sometieron a análisis médicos bianuales, y tras tres generaciones de voluntarios, los investigadores tenían una base de datos de 15.000 personas. Pero lo realmente útil para Christakis y Fowler fueron los formularios de registro de cada participante, ya que además de la información médica tenían los datos de los miembros de su familia y, al menos, de un amigo suyo. De forma que identificaron quién conocía a quien y plasmaron estas conexiones en un sociograma para construir una red social que incluía el registro de los datos médicos de los participantes a lo largo del tiempo.

La primera conclusión que pudieron anunciar los dos autores citados —luego discutida por algunos científicos— fue que la obesidad, la felicidad, la desdicha y el fumar podrían extenderse si se contaba con una red social, pero que no era nada fácil concretar el secreto de tener amigos mediante las redes sociales. Entre la multitud de datos que Christakis y Fowler generaron de su red social, llama la atención que las personas más conectadas y que participaban en más círculos sociales tenían mejor salud y se declaraban más felices que los individuos aislados. Además, pudieron constatar que la felicidad es más contagiosa que la infelicidad. Intuitivamente esto parece correcto —mejor ser portador de alegría que pájaro de mal agüero—, pero hacía falta demostrarlo. Sin embargo Christakis y Fowler no pudieron explicar satisfactoriamente el hecho de que una determinada conducta social se puede transmitir de una persona a otra sin afectar a la persona intermedia, como si ésta estuviese vacunada, por poner un símil médico. En cierto modo, seguimos viviendo el asombro de constatar la trascendencia de las redes sociales, pero desconociendo todavía sus mecanismos de activación o desentendimiento.

Algunos autores como Jane MacGonigal han aludido a los llamados «vencedores épicos», es decir, miembros de la manada acostumbrados a hacer cosas ordinarias que, gracias a las redes sociales, pueden acometer tareas heroicas, como salvar la vida de alguien todos los días. Hace unos años pude entrevistar en la sede del periódico *The New Yorker* a Malcolm Gladwell —autor de *Fueras de serie: por qué unas personas tienen éxito y otras no*—, para intentar descubrir lo que encerraban las historias de éxito de los más reconocidos personajes de las primeras planas, como Bill Gates.

A los que todavía están convencidos de que la reflexión introspectiva y la soledad siguen siendo la base de toda innovación, les sorprenderá descubrir gracias a Gladwell que todos los estudios efectuados apuntan a que ninguna de las grandes figuras ha conseguido la recompensa de ser el primero en su profesión sin prodigar un total de 10.000 horas de trabajo antes de los veinte años. Y es imposible imaginar la estrategia necesaria para alcanzar esos objetivos sin la existencia de las redes sociales.

El verdadero impacto del poder creativo de las redes sociales no se puede simplemente medir por las cifras de la gente involucrada —miles de millones de personas—; eso ya había ocurrido antes, si uno difumina o esparce en el tiempo las interacciones generadas en las rutas de la Seda o del Incienso en la antigüedad. Lo que no había ocurrido en miles de años es la naturaleza nueva e inesperada de las innovaciones que se desprenden de las interacciones sociales; se está dando curso a niveles de creativi-

De izquierda a derecha, con Paula García-Borreguero, Nika Vázquez, Sandra Borro, Noelia Sancho, Gabriel González, Montserrat Soler y Rosa Català, del proyecto Apoyo Psicológico *on line*. En la imagen falta Pablo Herreros.

dad desacostumbrados que aceleran, sin duda, el cambio social y tecnológico.

Vale la pena citar el experimento efectuado en mis propias redes sociales del blog y Facebook con una iniciativa innovadora. Algunos amigos y conocidos han aceptado con dificultad que la Fundación Eduardo Punset accediera a financiar su obra social —básicamente, difundir las técnicas de gestión de las emociones básicas y universales, dar consejos probados de expertos psicólogos a personas en dificultades anímicas y divulgar la ciencia— recurriendo a la publicidad empresarial. Se han recabado y aceptado fondos en dos ocasiones, de Nintendo y Pan Bimbo, que se han dedicado íntegramente a la Fundación.

Al contrario de lo que puedan pensar algunos de mis amigos y conocidos, la experiencia ha sido extremadamente útil para todos aquellos que constituyen el grueso de nuestras numerosas redes sociales. Yo mismo he descubierto o podido constatar hechos sobre los que algunos autores me habían llamado la atención, pero en cuyo conocimiento difícilmente habría profundizado sin la experiencia referida. ¿Cuáles son esos descubrimientos?

Existen juegos e interacciones sociales desde que se inventó la escritura hace 3.000 años antes de Cristo. Ahora bien, hubo que esperar a la Copa del Mundo de Fútbol del año 2010 para que participaran más de 3.000 millones de personas en algún momento de su transcurso: más de un tercio de la población mundial.

Las redes sociales ubicadas en torno a Facebook y al blog, con motivo de nuestro proyecto de divulgación científica, se sitúan en torno al millón de personas. Es una cifra difícilmente alcanzada en la reflexión en torno a temas de ficción, pero desde luego totalmente inusitada en ensayos científicos.

La primera conclusión de la iniciativa de la Fundación de recabar el apoyo empresarial para financiar su obra social ha sido confirmar el ámbito espectacular de la participación, tanto de las personas a favor como de las contrarias a la decisión. Estamos hablando de interacciones sociales que despiertan un interés nunca igualado antes de la aparición de las redes sociales.

La segunda conclusión no es menos importante. Resulta que, hasta hace muy poco, una participación de esa envergadura en las redes sociales se conseguía únicamente cuando se trataba de juegos o competiciones deportivas. Ahora, en cambio, participan miles de personas en la reflexión de temas que jamás habían seducido a las redes recurriendo a la ciencia o la tecnología. Lo que estamos constatando es que, de cara al futuro, ámbitos aparentemente alejados del sentir general serán objeto, también, de reflexiones colectivas gracias a las redes sociales. ¿Alguien sospechaba que miles de personas entraran en la discusión de un tema tan complejo y aparentemente técnico como las maneras de financiar la obra social de algunas instituciones? Por ahí surge la tercera conclusión, más importante si cabe que las dos anteriores.

En España, tradicionalmente, la nobleza establecía en el pasado qué temas podían dirimirse en uno u otro sentido y, paradójicamente, su opinión era respetada. Ahora bien, en algo se debe de notar que en este país apenas hubo revolución científica ni industrial, con el resultado de que —al contrario de países como Estados Unidos, donde los barones industriales como Carnegie, Ford o Bill Gates han asumido las funciones empáticas y formadoras de la antigua nobleza— en muy pocas de las sugerencias esgrimidas en el debate de las redes sociales aparece idéntico respeto hacia el mundo empresarial.

Al contrario, la opinión de demasiadas personas es la de que en la consecución de un bien social, como la disminución de los índices de violencia perseguidos por el aprendizaje de la gestión emocional, no puede colaborar una empresa privada. Sin embargo, el nuevo ordenamiento que reclama la sociedad española no puede atrincherarse en esos viejos y desacreditados principios. Lo que viene es un mundo en el que no sólo los políticos podrán abanderar proyectos innovadores, sino que también lo podrán hacer profesionales, empresarios, investigadores y ciudadanos.

De lo que nos podemos fiar

Pero volvamos al análisis de las redes sociales. No es de extrañar que las reacciones de algunos expertos a las primeras conclusiones que llegaban del análisis de las redes sociales fueran críticas. Sin duda, producía cierto rechazo saber que la posibilidad teórica de convertirse en obeso aumentaba en casi el 60 por ciento cuando alguien al que se nombraba como amigo en la red llegaba a ser obeso en el mismo tiempo.

¿Cuáles son las cosas con las que ya podemos contar gracias a las redes sociales? Son algo así como los diez mandamientos del siglo XXI. El primero de ellos ya ha comenzado a desmenuzarse: se trata de explicar cómo la totalidad de la gente que habita este planeta es mayor que la suma de sus componentes. A partir de ahora será cada vez más difícil prescindir del hecho de que para conocernos a nosotros mismos y el futuro de la humanidad hará falta saber primero si estamos conectados y cómo.

Hasta hoy, en el mejor de los casos, se había recurrido únicamente a la biología, la sociología, la tecnología y la geografía. Ahora podemos tener claro que sin creatividad no hay innovación, que ésta no aflora cuando la gente no está conectada y no interacciona. Ha costado muchos siglos asumir por parte de los humanos la influencia de la manada y su impacto en el comportamiento individual.

Lo que podríamos llamar la situación de dependencia o desigualdad de una persona no viene dictada —en contra de lo que han creído la mayoría de políticos hasta ahora— por las dificultades de acceso a los bienes comunales, cuya estructura es jerárquica, sino por la singularidad y multiplicidad de las conexiones sociales. Hasta tal punto es así que las personas con mayor número de conexiones pueden estar acumulando mayores dosis de bienestar y accesos a otros universos que las personas mal o poco conectadas.

¿Dónde se ha cometido el principal error al considerar el famoso abismo digital? En que esta división no es entre los que tienen más y los que carecen de conexiones digitales, sino entre los que tienen contactos creativos y contactos destructivos; en otras palabras, la ruptura del orden social en muchas ciudades del mundo ha sido el fruto no de una ausencia de conexiones, sino del predominio de conexiones perversas. Es más, si algo sobre lo que se han vertido opiniones adversas en el pasado surge ahora con una transparencia cristalina es que determinados delitos se multiplican más que otros cuando la influencia social es más importante que las condiciones socioeconómicas de los agresores. Resulta que dos tercios de los delincuentes cometen delitos en colaboración con alguien más. ¿Hacen falta más datos para enfatizar el carácter eminentemente social de los delitos?

Como vengo insistiendo desde el prólogo, este libro pretende convencer al lector de que cualquier tiempo pasado no fue mejor, sino peor. En contra de burbujas mediáticas que no se fundamentan en el crisol del método científico, lo que se pretende con *Viaje al optimismo* es, sencillamente, llamar la atención sobre constataciones inapelables, como que hay vida antes de la muerte; que la felicidad es la ausencia del miedo; que ha terminado, gracias a la tecnología, la guerra cruenta entre los que no tienen nada y los que se aferran a lo único que tienen; que la intuición es una fuente del conocimiento tan válida como la razón; que hoy es posible gestionar las emociones básicas y universales, y que empezamos a desentrañar algunos secretos fundamentales de la vida como el ADN.

Otro secreto lo acabamos de descubrir y está íntimamente relacionado con las redes sociales. Su aparición y permanencia no hubiera sido posible sin cierto grado de altruismo y reciprocidad. Las redes sociales —como demostraron Nicholas Christakis y James Fowler— no se habrían podido consolidar sin el afianzamiento de emociones positivas como el amor y la felicidad. La gente ha sacado mucho más de las redes sociales de lo que ha perdido en ellas, y eso es lo que nos ha introducido en la vida de otros.

En tan poco tiempo hemos aprendido también que, en promedio, sólo nos separan seis grados de los demás. Pruebas efectuadas en distintos colectivos y formas han demostrado que basta con hacerle saber a un conocido el nombre de la persona que se está buscando, y que éste a su vez lo transmita a otro conocido, y así hasta cuatro veces más, para dar con la persona buscada. «Nos separan seis grados», puede afirmarse. Pero más importante que la separación es el grado de influencia, y ésta no supera, en promedio, los tres grados. La llamada regla de los tres grados se puede aplicar a los sentimientos, conductas, opiniones políticas, disparidades de peso corporal y dimensiones de la felicidad. Se puede convencer al amigo, al amigo del amigo y, por último, pero no más, al amigo del amigo del amigo.

Lo más interesante de este proceso ha sido elucubrar sobre las razones de este déficit. Se han barajado tres. La primera es la llamada del deterioro intrínseco: por sí mismo, el mensaje no tiene la vigencia generalizada ni la permanencia para sobrepasar los tres primeros peldaños. La segunda explicación tiene que ver con la inestabilidad de la propia conexión. Es imposible que la definición, la sorpresa del enunciado o su consistencia se mantengan más allá de tres grados. La tercera explicación es la más importante: evolutivamente no estamos acostumbrados todavía a la familiaridad con conexiones humanas que superen los parámetros del pasado. La gente no estaba conectada a su grupo en más tres grados. Eso va a cambiar e incidir en multitud de reflexiones sobre la vida social.

El desarrollo en Internet de las redes sociales posibilita una vía de comunicación social inmediata impresionante, puesto que podemos tener disponibles a nuestros amigos y familiares en un clic. Los estudios de Fowler y Christakis nos muestran que, en teoría, podemos contribuir a la felicidad de la red con nuestro ejemplo contagioso. Sin embargo, todos sabemos que para comenzar a influir positivamente en nuestra red social no hace falta Internet, basta con llamar por teléfono, escribir una carta o visitar a aquel pariente o amigo que sabemos necesita un abrazo o unas palabras.

Capítulo 11

Globalización, Internet
y gobierno mundial

¿Cuestionar la globalización?

Lo que muchos llaman las causas de la crisis no son sino las consecuencias, la depresión económica generalizada, el imperio inalterable del dogma, el choque de civilizaciones, la erosión y los destrozos causados al medio ambiente, la próxima extinción de fuentes energéticas basadas en el carbón, la proliferación nuclear, el impacto sanitario de la contaminación o, más importante aún, el desorden educativo.

La razón primordial de la crisis es más compleja que todo esto y es imposible captar su alcance sin ponderar la importancia de que el crecimiento es el fruto hoy de coeficientes exponenciales que apenas dejan tiempo para modificar las estrategias en uso. Cuando uno quiere darse cuenta, el daño causado por la ineficacia o el desorden es de tal envergadura que ya no hay nada que hacer: es demasiado tarde. Pero, por encima de todo, la razón de los actuales desvaríos subyace en la necesidad absoluta de modificar los instrumentos cognitivos heredados de que disponemos ahora para planificar el futuro.

Todo ha ido para adelante salvo el cerebro, que se ha quedado donde estaba. No se trata de calmar a la gente con cualquier excusa, pero es muy cierto que estamos disminuidos por un tema neurológico. Sabíamos ya que el cerebro tarda siglos en adaptarse a situaciones nuevas, con el consiguiente descalabro para las mentes que no pueden esperar cincuenta años a que éste se acomode a una estrategia de defensa distinta. Fijémonos por ejemplo en el odio generalizado a la llamada globalización. Y, para contextualizar mejor, adentrémonos un poco en los orígenes de dicha realidad.

Hace aproximadamente 60.000 años, los humanos modernos —gente bastante parecida a nosotros desde el punto de vista anatómico— migraron desde África y se distribuyeron por Eurasia. Puede que lo único que importara a estos individuos fuera su grupo, su manada, de unos ciento cincuenta miembros como máximo, y que el mayor enemigo fuese el resto del mundo. Se organizaban cacerías de otros homínidos y la tranquilidad de los miembros de la tribu estaba fundamentada en el odio/temor y en la protección del resto de organismos vivos. Entonces, hace aproximadamente 40.000 años, tuvo lugar de modo abrupto la denominada revolución del Paleolítico Superior, que supuso un gran salto adelante en la historia de la humanidad. Nuestros antecesores comenzaron a dejar muestras inequívocas, identificadas en el registro arqueológico, de que algo había pasado en nuestros cerebros. El denominado «comportamiento moderno», esto es, la capacidad de planificar, de utilizar el lenguaje o de recurrir a la simbología, había cristalizado por fin en la especie humana. El cómo y el cuándo sigue siendo uno de los mayores misterios que la ciencia aún nos tiene que revelar.

Antes de eso, 50.000 años antes de nuestra era, el *Homo sapiens* tenía la misma capacidad craneal que sus antepasados africanos. Y sin embargo, algo sucedió en sus cerebros que permitió el gran salto adelante de la especie. Algunos científicos opinan que ello pudo ser debido a la adquisición de nuevas variantes genéticas, o a un conjunto de mutaciones, que provocaron repentinamente un cambio neural que modificó la capacidad cognitiva de los *Homo sapiens* y les dotó de una característica evolutiva imbatible o, como opina la mayoría, quizás este salto estaba ya especificado en los genes de nuestros antepasados.

Pero ¿cuál fue la naturaleza de este cambio genético, de dónde vino y por qué? Los científicos desconocen qué ocurrió exactamente. Algunos defienden que los humanos modernos pudieron adquirir nuevas variantes genéticas de los neandertales, con quienes convivimos unos cuantos miles de años; después de todo, no hay manera más rápida de obtener genes útiles que tras un encuentro sexual. Los defensores de esta hipótesis creen que debió de existir cierta sinergia entre algunas variantes genéticas de los neandertales y otras preexistentes en el genoma de los sapiens. Está claro que el cerebro de los neandertales no se benefició de esta convivencia, y le faltó la chispa que encendió el nuestro. De hecho, hace unos 28.000 años se extinguieron como especie. Por fortuna, desde hace muy poco conocemos parcialmente la secuencia del genoma de los neandertales y de otros humanos arcaicos, como los denisovanos de Asia del Este, que convivieron con nosotros por aquel entonces. Este hallazgo científico permitirá comparar nuestros genomas y conocer mejor qué ocurrió, y si de verdad nos «cruzamos» con aquellos individuos.

En la actualidad ya se están llevando a cabo los primeros análisis comparativos, que indican que, efectivamente, tenemos rastros de sus genes en nuestro ADN, más concretamente genes relacionados con el sistema inmune que confieren resistencia a virus y bacterias. Los autores de este hallazgo tan reciente sugieren que el intercambio sexual proporcionó al *Homo sapiens* los genes necesarios para sobrevivir y colonizar Eurasia tan rápidamente como lo hicieron. Y es que, como afirma Peter Parham, director

213

del estudio e investigador del Departamento de Microbiología e Inmunología, de la Escuela de Medicina de la Universidad de Stanford,[1] «el mestizaje ha sido de enorme utilidad para el patrimonio genético de los humanos modernos».

Hace aproximadamente 10.000 años casi con toda probabilidad nuestro cerebro estaba preparado ya para dirigir los cambios sociales y tecnológicos del Neolítico que provocaron la creación de las primeras sociedades estables y de la globalización.

En el Neolítico, los humanos comenzaron a cultivar plantas y a domesticar animales. El desarrollo de la agricultura sedentaria propició la creación de asentamientos humanos estables y pudo permitir la primera globalización tanto de los recursos alimenticios como del acervo del conocimiento acumulado por unos y otros. Y hace apenas trescientos años nos dimos cuenta de que necesitábamos más globalización y no menos: si te quedabas aislado y sin contacto con el resto del mundo estabas perdido.

Lo que resulta llamativo es que, siendo la necesidad de la globalización una realidad desde hace cientos de años, haya hoy personas que sigan haciéndole ascos. No se han dado cuenta todavía de que, por ejemplo, cuando van a comprar una camiseta, se están aprovechando de que alguien en la India sabe cómo plantar un par de semillas que, al germinar, otra persona sabe cómo emplear para fabricar camisetas y una tercera o cuarta sabe cómo hay que distribuir por todo el mundo.

¿Se ha creído alguien que nos las hemos arreglado solitos en este mundo? ¿Tanto cuesta darse cuenta de la suerte que tuvimos de contar con alguien al comienzo, en el otro confín del mundo, que sabía de semillas y de domesticar perros para que ladraran si alguien se acercaba a robarlas? Viven en un mundo globalizado, pero añoran su

Nadie tiene domicilio fijo: el planeta va lanzado a 240 kilómetros por segundo por el espacio.

manada particular poniendo cara de perro a todos los demás homínidos.

La verdad sobre el comienzo del gran salto adelante fue un proceso paralelo que Nicole King, de la Universidad de California, Berkeley, nos recuerda al comparar los genomas del unicelular coanoflagelado con el de otros animales: la multicelularidad en aquella parte del árbol de la vida surgió no tanto de genes nuevos y hasta entonces desconocidos, sino de la mezcla y recombinación de ge-

215

nes o partes de esos genes que ya existían. Los humanos neolíticos comenzaron a pulir la piedra en vez de tallarla, y cocieron el barro para producir sencillos recipientes de cerámica que eran muy eficaces para almacenar las cosechas sobrantes y cocinar los alimentos.

La vida y la evolución nos dan la clave. Los grandes avances se basan en la utilización inteligente de los recursos, ya sean genes, barro o presupuestos.

La época de la empatía

Caben pocas dudas de que la manada, el colectivo al que organismos de distintas especies se arriman, es la fuente de comportamientos que el individuo, dejado en solitario, no habría sabido articular. La verdad es que hasta el tamaño de la manada viene determinado por el grado de exposición a los depredadores; en promedio, cuanto más vulnerable es una especie mayor es el formato de su manada. Monos que apenas se mueven del suelo, lo mismo que los bonobos o chimpancés pigmeos, forman manadas más compactas y numerosas que los monos habituados a trepar árboles, lo que les concede mayores facilidades para huir de un depredador.

El famoso biólogo y primatólogo Frans de Waal resalta la trascendencia que puede tener para el orden social un determinado tipo de vigilancia colectiva; por ejemplo, los llamados macacos con cola de cerdo, conocidos por el despliegue de su inteligencia, eligen a unos «policías» de la manada. El ejercicio de esas disciplinas coactivas, como la interrupción de peleas sin sentido o, simplemente, la vigilancia de cada uno de los miembros, hace que en sus manadas los jóvenes estén protegidos, las hembras se sientan más seguras y los violadores no se atrevan a actuar. Los experimentos efectuados con y sin «guardianes del orden público» apuntan, sin ninguna duda, a la necesidad de que la manada se dote de esa vigilancia. El ejercicio de la empatía exige, en este tipo de macacos, que impere cierto orden en la manada, sin el cual difícilmente se pueden ejercer acciones benevolentes.

Es curioso y difícil a la vez analizar, a la luz de esta experiencia, lo que está ocurriendo con la ruptura repetida de la paz social en las sociedades modernas. Algunas de esas rupturas están provocadas tanto por el crecimiento de la población como por los porcentajes fijos de alienados, que son de un tamaño total mayor que antaño. Esto es lo que ocurre, por ejemplo, cuando en pocos siglos se dobla la población mundial, que ahora alcanza los 7.000 millones de personas, y se mantienen inalterables por razones genéticas los porcentajes de enfermos como los psicópatas o los esquizofrénicos. El mayor número de psicópatas por el simple crecimiento demográfico, así como su recurso a las redes sociales, que facilitan su poder de convocatoria, explican buena parte de la zozobra que conmueve a las almas más frágiles poco dadas a la reflexión.

El restante componente violento de la sociedad moderna se puede achacar a lo que se ha calificado de desestructuración social: menor predominio de unidades familiares estructuradas, mayores índices de paro y tecnificación de las mafias organizadas, que pueden imitar, gracias a los sobornos y a su creciente poder, al de los estamentos policiales, entre otros factores.

Estudios de psicólogos y sociólogos diversos muestran, sin embargo, que a pesar de la percepción engañosa de un aumento de los niveles de violencia, se están afianzando mayores niveles de empatía y altruismo en las sociedades modernas. Veamos un ejemplo, si se quiere anecdótico: un estudio reciente de los psicólogos norteamericanos Cindy Meston y David Buss señala que la principal razón por la que se tienen relaciones sexuales ya no es la persecución del placer propio, sino el de la pareja, el sentimiento de curiosidad o el aburrimiento; como vemos, los motivos que inducen el placer sexual no tienen nada que ver con su objetivo original.

Esos niveles de empatía y altruismo se reflejan en la reacción de la gente a imprevistos como la muerte de individuos pertenecientes a un grupo dotado de medios para reaccionar, su movilización solidaria ante catástrofes imprevistas o las iniciativas de responder a la violencia injustificada mediante núcleos organizados de vigilancia ciudadana.

El mundo institucional es culpable de no haber querido detectar la corriente gradual de esa empatía social o, si se quiere, la aparición de esta inesperada competencia ciudadana al ejercicio de poderes similares por parte de los políticos o del sistema. También se puede imputar al mundo institucional el no haber ideado, alegando viejas presunciones monopolistas del ejercicio de la fuerza, forma alguna para potenciar una mejor organización social.

El estudio de grupos de animales y de humanos ha puesto de manifiesto nuestra capacidad para conectar con los demás, de comprenderlos y hacer de su sufrimiento o alegría nuestro propio sentimiento. Ese don ancestral, pulido por el desarrollo cultural de la especie, es algo mucho más trascendente que cualquiera de los otros rasgos que, supuestamente, nos han hecho más inteligentes y mejor organizados que el resto de los animales.

A veces tenemos hambre, o sed, o nos molesta el ruido de una excavadora; estoy pensando en aquellas alertas que nos da el organismo cuando echa de menos una necesidad física y concreta como comer para sobrevivir, beber para calmar la sed o el silencio para que no le rompan los tímpanos. La única manera que tiene el cerebro para que sobrevivamos a las distintas adversidades consiste en que sintamos de manera imperiosa y sin reservas la necesidad física de comer, beber o cerrar la puerta para no oír el ruido. Lo que no sabíamos, lo que acabamos de descubrir, es que idéntica presión ejerce el cerebro cuando se trata no de carencias físicas y concretas, sino también de alertas psicológicas y abstractas, como poner remedio al dolor de los demás. Resulta que el cerebro no distingue entre el hambre y el dolor de los demás a la hora de hacernos saber que algo no funciona y que deberíamos actuar en consecuencia.

Es sorprendente el paralelismo con otro hecho reciente. Es la primera vez en la historia de la evolución que, sin apenas saberlo, estamos terminando con la pugna cruel y avasalladora entre los que no tenían nada y los que tenían algo y estaban dispuestos a defenderlo. Lo ocurrido en Libia es un vestigio de otra época, y por eso ha herido la sensibilidad del pueblo llano; aquello no tiene nada que ver con el mundo de ahora, es el simple y triste reflejo de vestigios del pasado, del empeño con el que los que tenían algo defendían lo que consideraban suyo frente a los que no tenían nada.

El final de esa pugna se la debemos a la irrupción de la ciencia y la tecnología en la cultura popular. A pesar de lo mucho que hemos subestimado el impacto de la tecnología en la vida cotidiana, ahora intuimos que ésta debiera bastar para resolver los principales problemas que todavía constituyen una amenaza para el futuro.

También a la irrupción de la ciencia en el pensamiento y la vida cotidiana debemos el hallazgo reciente de que tanto montan la emoción de la empatía o el amor como el hambre o la sed: cuando fallan las primeras, no es menor la fuerza experimentada por el organismo para solventarlas que cuando fallan necesidades apremiantes de orden fisiológico. ¿Cómo y cuándo aprendió el cerebro a compartir el dolor, a saber situarse en el lugar del otro con la misma intensidad con la que siempre supo cuando arreciaba el hambre?

El filósofo francés René Descartes se equivocaba al afirmar «pienso, luego existo» para recalcar la supuesta dualidad de los humanos entre la mente y el cerebro, entre el alma y el cuerpo. Los experimentos más recientes sugieren que esa dualidad no existe. Es más, si llego a pensar algo es porque mi cuerpo existe, porque es un cuerpo que no distingue entre necesidades físicas y concretas como el hambre y necesidades abstractas como la empatía y el altruismo.

No es cierto que el alma sea algo distinto del cuerpo, el pensamiento del cerebro, el dolor ajeno de la sed, la empatía del hambre. Se diría que nuestro organismo supo anticipar mucho antes que la moderna neurología que no estamos divididos en dos elementos separados. El cerebro reacciona ante una injusticia social o el dolor ajeno como si se tratara de una inflamación producida por una herida o de un desfallecimiento por falta de comida.

Por qué nos gusta lo que nos gusta

La respuesta a esa pregunta es sencilla, aunque inesperada. Nos apetece todo lo que nos da seguridad, esto es, las personas y cosas en las que podemos confiar, en las que podemos diluir nuestra capacidad de empatizar con ellas.

Cuando uno lo piensa, no es nada normal esta facilidad que tenemos para convivir y confiar en lo que nos es ajeno; dependemos de la compañía de objetos y personajes foráneos que nos permitan desarrollar nuestra confianza social en la vida de cada día. Por paradójico que parezca, la confianza en el valor de nuestra moneda, en la seguridad de nuestras ciudades, en las instituciones que nos gobiernan, son el fundamento de nuestro equilibrio. Cuando la confianza en esos soportes se resquebraja, se desploma nuestra capacidad para confiar en el resto y, por lo tanto, para crecer.

Es preciso dejar sentada desde el comienzo la singularidad que Paul Seabright, profesor de Economía en la Toulouse School of Economics, define con gran precisión: «En ningún otro ámbito de la naturaleza, miembros no relacionados entre sí pero de la misma especie —enemigos naturales cuyo instinto les habría llevado a luchar entre ellos— cooperan en proyectos de tal complejidad que exigen un caudal elevadísimo de confianza mutua.»

Existe un cierto consenso en el sentido de que el gran salto hacia adelante del Paleolítico configuró el tejido y las conexiones neurales que permitieron el desarrollo de la cultura y sociedad humanas actuales, que vemos esbozadas en los restos arqueológicos y en las expresiones de arte mural en las cuevas que sirvieron de guarida a aquellos pobladores hace unos 40.000 años.

El gran salto adelante de aquella sociedad propició, por supuesto, cambios so-

El valor del dinero depende de la confianza.

221

ciales, culturales y tecnológicos sin precedentes. ¿A qué se refieren los arqueólogos, biólogos evolucionistas y sociólogos que supieron poner el dedo en la llaga?

El establecimiento de la agricultura sedentaria hace unos 10.000 años, al final de la época glacial, permitió hablar, por primera vez, de dependencia social en una población que, hasta entonces, había heredado de antepasados comunes con los chimpancés caracteres particularmente agresivos. La segunda causa de la configuración de las sociedades que nos han precedido fue la imposición consensuada y paulatina de un código de conducta social que partía de la capacidad de empatizar con los intereses y sentimientos de los demás, pero con competencia para regular y poner cortapisas cada vez que se cometían desafueros. Además, aquellos predecesores nuestros fueron capaces, por primera vez en la historia evolutiva, de cimentar adecuadamente una gran reserva de conocimiento acumulado a la que poder recurrir cada vez que hiciera falta.

Los placeres que vienen

En el futuro que ya llega, los Estados mantendrán, con toda probabilidad, su poder coercitivo sobre las sociedades que gobiernan, pero la vida en el seno de las ciudades será mucho más aleatoria y llena de peligros que en la actualidad.

En el campo de la energía será muy difícil empeñarse en la continuidad del actual despropósito, en virtud del cual para transportar a una persona que pesa unos setenta kilos se requiere un coche que pesa unos 3.000. No tiene ningún sentido, como no sea el de mantener una situación que sólo conviene a unas pocas personas y países. Por ello, el ingeniero industrial Christopher Steiner prevé un cambio radical en la explotación de las fuentes energéticas.

Jaron Lanier es uno de los científicos y filósofos del mundo digital más reconocidos, no sólo en Silicon Valley, donde acuñó el vocablo de «realidad virtual», sino en muchos ámbitos. Él escribió que «sería muy duro para un tecnólogo despertarse por la mañana y comprobar que el futuro será peor que el pasado». En este libro sobre el optimismo hemos repetido lo mismo de mil otras maneras: no es cierto que el pasado siempre fue mejor. Fue peor.

Cuando en la década de los ochenta del siglo pasado se empezaba a abrir paso Internet, gran cantidad de gente estaba convencida de que las nuevas tecnologías estaban desencadenando los peores presagios que, tarde o temprano, se confirmarían. Una cuestión de ayer que hoy sigue vigente es saber si la gente se volvería adicta a la realidad virtual. ¿Serían capaces de escapar de la encerrona virtual y regresar sanos y salvos al mundo físico y real donde vivimos el resto? Hoy hemos constatado un fenómeno conocido como «huida de la realidad», que tendería a ratificar la inevitabilidad de esos presagios.

En el mundo de la tecnología se piensa de forma distinta a otros ámbitos como la biología o la física cuántica, en las que una serie interminable de interacciones van perfilando un determinado modo de ver el universo o interpretar los componentes básicos de un cuerpo; incluso algo tan complicado como el *entanglement* (entrelazamiento), esto es, la comunicación identitaria entre dos moléculas situadas en hemisferios distintos, acaba siendo explicada y comprendida por amplios sectores sociales.

Con la tecnología no ocurre nada parecido: cuando se adquiere en la tienda un *gadget* digital nadie se lee las instrucciones, seguro como está de que tampoco las entendería; lo más seguro es intentar comunicarse mentalmente con el tecnólogo que ideó el *gadget* y luego con la red tecnológica que sancionó su aplicabilidad generalizada. A pocos se les ocurre variar el software elegido si no puede conciliarlo con el hardware diseñado, del mismo modo que a nadie se le ocurre ahora cambiar el estrecho tamaño de los túneles del metro de Londres, que tan mal se adaptan a cualquier innovación impensable hace décadas como la del aire acondicionado.

Fue una persona sola —recuerda Jaron Lanier—, Tim Berners-Lee, que sólo pensaba en un público, sus amigos físicos, quien diseñó la web que hoy todos conocemos. Fue él, en solitario, quien fijó las características básicas de su invento: diseño minimalista —apenas se sugerían los rasgos básicos de lo que debía ser una red—, carácter abierto, que no imponía una arquitectura determinada, y, finalmente, responsabilidad, en el sentido de que el propietario de la web era el encargado de garantizar que podían visitarle.

La revolución digital, a pesar de todos sus defectos, fue una apuesta mundial a favor del poder del individuo y de su capacidad de interactuar. Eso no debiera implicar que, a medida que vayamos creando las distintas capas digitales, nos olvidemos de preservar la libertad y capacidad innovadora de las generaciones futuras. A pesar de todos los nubarrones, podemos conservar el optimismo necesario para garantizar que esa civilización sobreviva. ¿Qué podría impedirlo? Volver a creerse —como viene a argumentar, según se mire, la física cuántica— que toda la realidad, incluidos los humanos, es un gran y simple sistema de información. Lejos de significar esto que la vida no tiene sentido, quiere decir que nuestro destino puede cumplir una misión, y la primera es convertir el sistema digital que llamamos realidad en un mecanismo que Jaron Lanier llama «niveles crecientes de descripción». ¿Qué quiere decir con esto el científico informático de Silicon Valley? Sencillamente, «que una página web representa un tipo de descripción más elevado que una simple carta; que un cerebro es una descripción más sofisticada que una página web y que las redes globales estarán pronto a un nivel más elevado que el cerebro».

Es cierto que todo esto conduce irremediablemente a una situación en extremo compleja en la que los ordenadores podrían acabar diseñando una forma de vida susceptible de entender mejor a la gente de lo que ella puede entenderse a sí misma. El resultado final pudiera ser, por el contrario, el anticipado por el editor y escritor Evgeny Morozov, para quien la libertad de Internet es una ilusión, como han demostrado los gobiernos de China, Rusia e Irán; la democracia, según ese autor, no cabalga en las redes sociales.

La historia y la evolución reciente parecen contradecir frontalmente esa opinión. En contra del sentir mayoritario, es fácil predecir la llegada de un gobierno mundial como otro elemento democratizador y estabilizador. Cuando publiqué una columna sobre la posibilidad de un gobierno mundial, aparecieron más de quinientos comentarios en mi blog y Facebook. Todos aportaban elementos nuevos y una parte significativa disentía del autor. Es un ejemplo de la explosión de las redes sociales que alimentan la innovación. Igual convenzo a algunos de los disidentes si apunto a lo siguiente, pero igual es bueno que sigan con sus ideas no comprobadas. Lo importante no es mi opinión, sino los hechos probados:

1. La gran contribución de los físicos cuánticos a la cultura moderna fue introducir un cierto grado de incertidumbre en la percepción de la realidad. Ellos demostraron que una partícula podía estar en

Amigos, científicos y familiares, así como representantes del mundo religioso y del gobierno, acudieron al entierro de Charles Darwin el 26 de abril de 1882, pese a que varios de estos estamentos se habían opuesto a la teoría del científico sobre la evolución de las especies. El cambio de opinión, por lo menos el respeto de la opinión probada de los demás, es el mar de fondo que alimenta el optimismo de la raza humana.

dos sitios distintos a la vez. Está comprobado que huyendo de las posiciones dogmáticas se cometen menos errores.

2. Si los ciento cincuenta homínidos que salieron de África para extenderse por el mundo necesitaron un gobierno, está claro que a los 7.000 millones que somos ahora no nos perjudicaría.

3. A medida que se amplía el nivel de gobierno —de local a regional y de regional a nacional y luego mundial— éste deja de ser corrupto. Está comprobado que las mafias proliferan y se consolidan a nivel local.

4. La diversidad favorece el desarrollo de las especies. Cuando una especie o una idea no se contrasta con otras no se produce innovación. Está comprobado que el aislamiento del resto del mundo deforma las ideas y hasta los genes.

5. Aunque medio mundo ha creído lo contrario, ahora se está formando un consenso en el sentido de que los países pobres lo son, en una parte muy significativa, por culpa de sus gobiernos corruptos, y no tanto por la supuesta maldad de los demás.

6. La transición política en España se recordará por el descubrimiento de la democracia, pero también, y sobre todo, por la apertura al exterior. Huir de esa apertura conduce al pasado; profundizar en ella nos hace más libres.

Capítulo 12
Nada nos impide llegar

De dónde venimos

¿Se acuerdan de cuando algunos científicos amigos nos recordaban que en tiempos de nuestros ancestros, hace 11.000 años, la vida era un bello sueño por el estrecho contacto de los nómadas con la naturaleza, por la ausencia de policía, de gobiernos y Estados corruptos o de guerras para defender excedentes agrarios que no se habían generado todavía?

La visión que algunos nos dan de aquel pasado es que la anarquía característica del periodo ancestral no nos iba del todo mal y que, en cambio, la creación del Estado a partir de los asentamientos agrarios —cuando éstos empezaron, hace 10.000 años— fue el principio del fin, el comienzo de la infelicidad y del sufrimiento colectivo.

Pues resulta que es falso. Todo parece indicar que el porcentaje de muertes causadas por guerras entre tribus podía alcanzar desde el 10 hasta el 60 por ciento, lo cual deja el actual 3 por ciento en Estados Unidos y Europa en bastante buen lugar.

Y es que en el periodo en el que nuestros antepasados iban libremente de un sitio a otro porque todavía eran nómadas la violencia era muy frecuente. Según los antropólogos Lawrence Keeley, Stephen LeBlanc, Phillip Walker y Bruce Knauft las tasas de muerte en guerras tribales empequeñecen las de los conflictos actuales. Si las guerras del siglo XX hubieran tenido la misma proporción de mortalidad sobre la población que las guerras tribales, éstas habrían causado dos billones de muertos, y no ciento sesenta millones, una cifra que aun así pone los pelos de punta.[1]

Lo vengo diciendo e insisto en ello: no es cierto que el pasado siempre fuera mejor. El pasado estuvo teñido de sangre y fuego. Y eso sin contar los martirios descritos en textos religiosos como la Biblia, las penas capitales impuestas por criticar al rey o al noble de turno, la práctica salvaje de la esclavitud o la extrema crueldad de los sacrificios de animales.

La afirmación, ya realizada por el psicólogo Steven Pinker, es un redescubrimiento tan rocambolesco que la primera incógnita que uno tiene ganas de descifrar es ¿cómo hemos podido ignorar esas cifras durante tanto tiempo?, ¿cómo es posible que durante más de 10.000 años y hasta el mismísimo día de hoy nos hayan hecho tragar tamaña desventura?

El pasado, nuestro pasado, ha sido tan atroz, que por muchos desmanes que se sigan cometiendo, el aquí y ahora es incomparablemente mejor. Tengo toda la razón del mundo al insistir en que lo importante es constatar que hay vida antes de la muerte, y no tanto elucubrar sobre si la hay después. Que no estamos del todo equivocados los que detectamos en la actualidad muchos más resortes para activar el optimismo de la especie que su decadente pesimismo. ¿Ninguno de mis lectores se ha sentido consternado contemplando los gestos desproporcionados de una araña partida en dos agarrándose a la vida, a pesar de la muerte inminente? ¿Qué movía sus estertores, el pesimismo o el optimismo?

La siguiente pregunta que interesa a la gente es saber por qué están disminuyendo los índices de violencia en el planeta, pese a que la prensa y los medios parecen indicarnos lo contrario. Hay un hecho innegable —tomen nota mis amigos anarquistas—: la disminución de los homicidios en

Europa ha coincidido con el apogeo de los Estados centralizados. La ausencia de gobierno central no contribuyó a eliminar las guerras entre colectivos distintos dentro de esos Estados. Tal vez por ello, pronto volvamos a debatir, como ocurrió en los años cincuenta, la necesidad de un gobierno mundial, como ya se ha comentado en el capítulo anterior. También es cierto, sin embargo, que la gran ventaja de no tener un gobierno mundial es que si no me gusta el gobierno que me ha tocado, me puedo ir a otro. Si hubiera un gobierno mundial no tendría ninguna opción que elegir.

El progreso de la tecnología, y el consiguiente aumento de la esperanza de vida puede ser la segunda razón que explique por qué están disminuyendo los índices de violencia. Si se alarga mi vida, tengo más tiempo para disfrutarla, para crear nuevas cosas, vale más de lo que valía y, por lo tanto, tenderé a cuidarla más.

Es cierto que el Estado puede fallar; en lugar de impedir que sus súbditos se sigan pegando, él mismo puede idear maneras de corromper. Esto ha ocurrido tanto en los países en vías de desarrollo como en los más avanzados. El progreso tecnológico también puede fallar, y por motivos que se analizarán luego ha ocurrido más de una vez en la eterna competición entre Occidente y Oriente. Ahora bien, existe una sola manera de evitar en el futuro errores parecidos: invertir en la educación y, sobre todo, en el aprendizaje de la gestión emocional.

Lo único que nos hace distintos

El arqueólogo e historiador inglés Ian Morris afirma que «las diferencias genéticas en los humanos modernos de distintos lugares del universo son triviales», lo cual implica que sólo la cultura nos hace distintos. Por tanto, podemos concluir que no existen, en la práctica, diferencias raciales que expliquen comportamientos distintos, y que donde quiera que miremos la gente agrupada en grandes colectivos es parecida. Sin embargo, mi vecino y yo sabemos que no sólo tenemos aspectos distintos, sino que no nos comportamos igual ante determinadas situaciones, ni pensamos de la misma forma. Nuestra conciencia es la que nos hace sentir que somos diferentes, pero, además, según las últimas investigaciones de la moderna disciplina de la paleogenética, el cerebro y el desarrollo social se retroalimentan para convertirse en el combustible de la evolución humana moderna.

A veces no parece serio el empeño mayoritario de los medios de comunicación y de muchas organizaciones sociales en hacer creer a la opinión pública que distintas opciones ideológicas producen distintos resultados. En este sentido, fue curiosa la abstención activa de la mayor parte de los portavoces gubernamentales a la hora de comentar las conclusiones de un estudio realizado por la Organización para la Cooperación y el Desarrollo, ya hace varios años, sobre la influencia del sistema ideológico o económico elegido en los resultados sociales. Modelos tan distintos como el de los países nórdicos europeos y el norteamericano arrojaban índices de productividad y bienestar parecidos.

Es inútil y engañoso querer evaluar el balance de un proceso social dividiendo a la opinión pública de un país en derechas o izquierdas, sugiriendo luego que una apuesta ideológica habría sido mejor que la otra. No tiene sentido repetir año tras año que la única solución a los problemas sociales son propuestas de izquierdas o de derechas. No sólo supone esto menospreciar la magnitud de los cambios que se avecinan, sino que el método científico ha comprobado hoy que las únicas razones que permiten evaluar lo ocurrido y predecir lo que va a suceder son de orden real, y no figurativo.

Ian Morris fue el primer científico en adelantar algunas de las claves del mundo que viene, claves desarrolladas en un interesante artículo publicado en octubre de 2010 en el *Daily Mail* titulado *«Your children will live to see man merge with machines. But will it save or destroy us?»*, esto es, «Vuestros hijos vivirán para ver hombres unidos a máquinas. Pero, ¿eso nos salvará o nos destruirá?»[2] Historiador y arqueólogo, este profesor de Stanford afirma que algunas de dichas claves tienen mucho que ver con los incesantes avances en tecnología y salud de los últimos años. Sostiene que el hombre se combinará con máquinas dentro de algunas generaciones, algo que ya se está dando, por ejemplo, en el caso de Oscar Pistorius, el atleta paralímpico cuyas prótesis de fibra de carbono sustituyen a sus amputadas piernas y le permiten competir a un alto nivel, no sin cierta polémica por la supuesta ventaja que, según algunos, podría tener frente a deportistas con extremidades, digamos, normales; otro ejemplo, muy esperanzador, lo encontramos en el ReWalk, las piernas robotizadas que podrán devolver la movilidad a personas parapléjicas, un dispositivo que se ha empezado a difundir y comercializar en fechas recientes.

Sea como sea, la biología está en la base del desarrollo social, lo estuvo y lo estará; no podemos olvidar que los pobladores africanos, que abandonaron su continente hace 60.000 años, se hicieron con el planeta provocando la extinción de sus predecesores.

Todo el mundo ha querido sobrevivir, y para ello ha procurado amasar lo que no tenía y más. Los agricultores tuvieron tanto éxito que sus excedentes les ofuscaron y agotaron sus recursos; ello les obligó a inventar otras soluciones. Los cazadores cazaron a conciencia hasta que, embriagados por su fortuna, acabaron con las especies no protegidas y con las protegidas. Grandes ciudades y sus habitantes tuvieron tanto éxito que también ellos se sumieron en la crisis provocada por la victoria. Cada ola creciente de desarrollo social ha perfilado las fuerzas que la iban a socavar.

Hace unos 15.000 años terminó la época glacial; el calentamiento gradual del planeta hizo que les tocase la lotería a los núcleos poblados del suroeste asiático, que habían empezado a cultivar antes que nadie algunos productos agrícolas y constituido los primeros asentamientos. Era el comienzo de la civilización occidental en Mesopotamia, y no tenía rival en el mundo.

Al menos hasta unos 2.000 años después, cuando en China grupos similares de agricultores y domesticadores se pusieron manos a la obra. En los dos casos, la biología, la habilidad más tarde para fomentar urbanizaciones y hacer la guerra, y el despliegue paulatino de técnicas de comunicación fueron suficientes para el crecimiento.

Los investigadores que aplican el método científico a escenarios tanto lejanos como próximos llegan a la conclusión de que el desarrollo social no es el fruto de concepciones ideológicas, de la ruptura entre colectivos de derechas e izquierdas, sino de innovadores que habrían proliferado tarde o temprano al margen de esas concepciones, siempre y cuando la biología, la geografía y el desarrollo social hubieran concatenado el proceso.

Cuesta admitir a los homínidos que la gran mayoría de sus decisiones no afectan el curso de la civilización. Como afirma el historiador Ian Morris: «ninguna de mis opciones particulares habría alterado el hecho de que Occidente siguiera mandando». Al final de la segunda guerra mundial, miles de millones de mujeres decidieron casarse antes de lo que lo habían hecho sus madres y tuvieron muchos más hijos; treinta años más tarde, mil millones de mujeres decidieron lo contrario, afectando con ello el crecimiento de la población mundial, a raíz —ahí está la gran diferencia— de las opciones dispares de unos colectivos, y no de unos individuos. A las mujeres y hombres célebres les encanta pensar que ellos son los que están transformando al mundo, pero es falso.

¿Adónde vamos?

¿A donde nos dicte la conciencia y pormenorice la cultura? Es un pensamiento demasiado pretencioso para ser verdadero. La realidad parece indicar, por el contrario, que fueron los primeros cascos urbanos donde se intercambiaron las ideas para perseguir lo que se creía un objetivo singular, a pesar de que se trataba de algo que difícilmente iba a cristalizar, dadas las circunstancias del momento. La única conclusión que nos depara el estudio de la historia es que ni la cultura ni el libre albedrío pueden evitar el impacto de la biología, la sociología y la geografía. Aunque hubo un momento en la historia reciente en que pareció lo contrario.

En el otoño de 1962, John Fitzgerald Kennedy y Nikita Krushchev intentaron aplicar un modelo equivocado para convencer al adversario de que desistiera de sus propósitos. El dirigente soviético había instalado cohetes con cabezas nucleares en Cuba y Kennedy había respondido con el bloqueo de la isla. Krushchev, por su parte, replicó enviando a su armada para contraatacar y acto seguido el dirigente norteamericano envió un portaaviones para hundirla. A las diez de la mañana del 24 de octubre la tensión se hizo insostenible, al identificar los norteamericanos un submarino soviético dispuesto a volar el portaaviones. «Los ojos de mi hermano daban muestras de dolor y no paraba de abrir y cerrar los puños», dijo poco después Robert Kennedy. El siguiente paso habría sido el de lanzar 4.000 cabezas atómicas, pero el submarino soviético no disparó; poco antes de las diez y media de la mañana, los barcos soviéticos redujeron su marcha primero y luego retrocedieron.

Durante décadas se jugó con fuego, pero al cabo de un tiempo la biología, la sociología y la geografía continuaron imponiendo su sello. Como dijo el gran paleontólogo Stephen Jay Gould, «en los últimos 40.000 o 50.000 años no se ha producido ningún cambio biológico en los humanos. Todo lo que llamamos cultura o civilización lo hemos construido con el mismo cuerpo y cerebro de siempre». ¿Estaba Stephen Jay Gould en lo cierto? ¿Le había ganado la partida, una vez más, su inteligencia a su instinto?

La verdad es que al intentar vaticinar lo que viene se disponen de muy pocas armas. Para muchos observadores es evidente que las tendencias que pueden dibujar en el pasado las vidas de unas doscientas generaciones —no llegamos a más— no dan para mucho; sobre una distancia tan corta como la que deja entrever esa línea es difícil construir un vaticinio sólido. Ahora bien, los optimistas recurren a menudo a las distancias de hasta cuatrocientas generaciones pasadas, que permiten entrever la arqueología, la genética y las lenguas de un colectivo. Se trata de un ejercicio complicado. El científico más sólido que ha destinado parte de sus esfuerzos a elucubrar sobre el futuro es Ray Kurzweil, empresario futurista y especialista en Inteligencia Artificial. No es fácil negar sus predicciones y menos aún invalidarlas.

Bill Gates, creador y alma de Microsoft, le agradece su optimismo, e incluso los pensadores como yo, a quienes los años vividos y la obsesión por la concepción geológica del tiempo nos han convencido de que tarde o temprano habría surgido otro inventor no menos creativo que Kurzweil, no tenemos más remedio que dar fe de su inusitada percepción del futuro. No es preciso renegar de la biología, la geografía y la sociología como disciplinas indispensables para explicar lo ocurrido, pero no tenemos más remedio que aceptar con Kurzweil que, en estos momentos, el poder de las innovaciones para transformar el mundo se está acelerando sobremanera. Algo está, efectivamente, cambiando con relación al pasado.

Como él mismo afirma, entramos en un periodo en el que la creciente e íntima colaboración entre nuestra herencia biológica y el futuro irá más allá de la biología. Kurzweil aventura que avances tecnológicos radicales basados en la biotecnología y la nanotecnología propiciarán que en las próximas décadas culmine el descubrimiento de los medios para frenar los procesos de envejecimiento y para la cura de muchas enfermedades y lesiones irreparables en la actualidad, como las medulares, lo cual permitirá caminar hacia la prolongación de la vida humana más allá de los límites que hoy conocemos.

Pero volvamos al momento presente. Para comprender adónde nos dirigimos, es fundamental saber si nos hemos parado o si seguimos avanzando. ¿Sigue evolucionando la especie humana? Según algunos biólogos, los humanos dejamos de evolucionar, en un sentido adaptativo, después del gran salto adelante hace 50.000 años. Genetistas como Steven Jones creen que mientras la selección natural todavía puede operar en ciertas poblaciones del tercer mundo, favoreciendo la aparición de mutaciones que beneficiarían a las personas en su constante lucha contra enfermedades letales, en el mundo occidentalizado la evolución humana está completamente parada.

Entonces, ¿somos tal y como eran nuestros antepasados de las cavernas o del Neolítico? Stephen Jay Gould opina que sí, que nuestro cerebro prácticamente no ha cambiado en estos últimos 200.000 años. La comunidad científica está de acuerdo en que la especie que surgió de nuestros antepasados homínidos hace ese tiempo tenía una capacidad sin precedentes para adaptarse a los diferentes ambientes por medios culturales; nuestra adaptación cultural y tecnológica al medio que nos rodea logra que éste no nos afecte en términos prácticos, y un ejemplo de ello lo tenemos en cómo aprendimos a protegernos del frío con pieles de animales, lo cual provocó en su día que no desarrolláramos pelo corporal. La cultura reemplazó a la selección natural hace 50.000 años, cuando comenzamos a utilizar nuestros cerebros.

Sin embargo, ¿cómo negar que somos diferentes unos de otros? Naturalmente existen otros científicos que opinan lo contrario, y que mantienen que la evolución humana no sólo continúa, sino que se ha acelerado cientos de veces durante los últimos 10.000 años; siempre es enriquecedor que los científicos mantengan puntos de vista diferentes. Aunque quizás estemos analizando la evolución humana en un fotograma, y como nos dice Pinker, deberíamos dejar que continúe la película unos miles de años más. Pero veamos qué dicen los científicos.

El antropólogo Henry Harpending y el biólogo evolutivo Gregory Cochran, de la Universidad de Utah, defienden que la revolución agrícola del Neolítico marca el inicio de una serie de cambios sociales, tecnológicos y demográficos que a su vez han originado presiones selectivas com pletamente nuevas. El aumento espectacular de la población —de los diez millones de hace 10.000 años a los casi 7.000 millones de la actualidad—; la colonización de nuevos medioambientes y ecosistemas, desde los desiertos al Círculo Ártico; o la aparición de nuevas enfermedades y patógenos como el cólera, el tifus, la malaria o la viruela, han provocado que en doscientas cincuenta generaciones hayan surgido hasta 2.000 nuevas adaptaciones genéticas —el 7 por ciento de los genes humanos— relacionadas con el sistema digestivo, la esperanza de vida, la inmunidad a patógenos, la producción de esperma y los huesos, y, virtualmente, con todos los aspectos de nuestro funcionamiento.

Parece pues que hay numerosas evidencias experimentales que corroboran el hecho de que a lo largo de los últimos 40.000 años hemos podido ser objeto de mutaciones aquí y allá, lo esperado según los principios de la selección natural clásica.

Pero ¿qué es lo que ha hecho posible que hayamos avanzado tanto desde la pintura rupestre a Internet? La respuesta es sencilla: nuestro cerebro. El cerebro también sufre cambios, aunque no tan obvios como el color de los ojos —por cierto, nadie tenía los ojos azules hace 10.000 años—, pero sí más trascendentales. Robert Moyzis, genetista del Instituto de Genómica y Bioinformática de la Universidad de California, considera que desde los primeros asentamientos humanos sedentarios se ha creado una presión selectiva sobre ciertos comportamientos —como la agresividad, o la inteligencia— para favorecer la adaptación al cada vez más complejo orden social. Bruce Lahn, profesor de genética de la Universidad de Chicago e investigador del Howard Hughes Medical Institute, es de la misma opinión, y explica que nuestros cerebros han desarrollado sus habilidades cognitivas mediante un tipo de evolución extraordinariamente rápida que ha premiado aquellas habilidades que nos han permitido desenvolvernos con más éxito en la sociedad. ¿Puede ser que hayamos seleccionado, y aún lo hagamos hoy, comportamientos menos agresivos, más dóciles? Los perros fueron domesticados a partir de los lobos hace 15.000 años, y ahora muchos de ellos han perdido su agresividad original y son nuestros animales de compañía. Aunque actualmente los perros tienen numerosas formas y tamaños, los cambios más importantes que han permitido que sean nuestras mascotas y que nos ayuden a desempeñar ciertos trabajos tienen que ver con el comportamiento.

Cochran, Moyzis y Lahn, entre otros, tratan de convencer a los biólogos evolutivos, y a nosotros, de que el combustible de la evolución humana moderna radica en la retroalimentación entre el cerebro y el propio desarrollo de la sociedad. Esta interacción nos condujo en tiempo récord desde la edad de piedra a la edad de la genómica, la neurociencia, la realidad virtual y otros avances tecnológicos inimaginables hace tan sólo dos generaciones. Si la especie humana está evolucionando tan velozmente, ¿cómo seremos en unas pocas generaciones?

¿Quién tiene razón, Kurzweil y Cochran al formular sus previsiones alucinantes para dentro de cien años —a todas luces correctas si sólo contara la metodología para formularlas—, o bien debemos creer a Ian Morris cuando arguye que los distintos factores son lo que son y no dan para mucho más? Resulta que la simple extrapolación del llamado desarrollo social calculado para dentro de un siglo crearía un mundo futuro que no sería creíble, entre otras cosas porque las ciudades alcanzarían ciento cincuenta millones de habitantes.

Tal vez sea el momento de regresar al principio evolutivo al que aludíamos unos párrafos antes: «Cada ola creciente de desarrollo social perfila las fuerzas que la van a socavar.» Tal vez ahora esté ya ocurriendo lo mismo y, de alguna manera, estamos asistiendo al comienzo de un cambio de escenario para dar entrada a personajes y modas que el estallido de la *singularidad* dejaría sin espacio para evolucionar.

La foto en rayos X de pasado mañana

No parece improcedente reproducir el cuadro esperado de la evolución previsible del futuro, según Kurzweil. En la evolución, él ve el reflejo de seis grandes épocas bien diferenciadas.

La primera es, por supuesto, la visión atómica de los físicos y los químicos. Se descubren las estructuras de la materia y de la energía. Se toma nota de la naturaleza del universo y de las leyes que lo regulan.

- La segunda época desarrolla el control de la propia vida y descubre el secreto del ADN; profundiza, además, en el conocimiento del cerebro. Estamos en plena biología del ser humano.

- La tercera época utiliza lo aprendido sobre el ADN para apuntar al conocimiento de las estructuras neurales, que dan paso a unas innovaciones tecnológicas cuyo ritmo de crecimiento jamás se había alcanzado.

- La cuarta época se centra en desvelar el hardware y software de la tecnología, con lo que se consiguen dominar los métodos utilizados por la biología, incluidos los de la inteligencia humana.

- La penúltima época del desarrollo cognitivo de los humanos afecta de lleno la fusión de la tecnología con la inteligencia. Por primera vez, los métodos biológicos, incluida la inteligencia humana, se integran en la base tecnológica, que crece a ritmos exponenciales

- Por último, en la época más lejana, las estructuras de la materia y energía en el universo se saturan con procesos de inteligencia y conocimiento. La expansión insospechada de la inteligencia humana —predominantemente no biológica— se disemina por el universo.

No es difícil aceptar las hipótesis anteriores. Sin que ello implique, necesariamente, que el fenómeno de la «singularidad» —la unión de la biología y la nueva inteligencia— desemboque en un ser humano muy distinto de lo que ha sido los últimos 50.000 años. También el pensador tecnológico William Brian Arthur constata la unión de la tecnología y la biología, y sostiene que los organismos celulares son, en realidad, tecnología extremadamente elaborada; de hecho, «los seres vivos nos anticipan todo el camino que le queda todavía a la tecnología por recorrer. Hasta ahora ninguna ingeniería tecnológica ha alcanzado el grado de sofisticación que caracteriza a una célula».

A la luz de lo que precede, ¿qué podemos barruntar sobre lo que viene?

Hay asuntos ampliamente comprobados y por lo tanto realizables. Doblar el número de componentes de un chip cada dieciocho meses permite doblar su potencia de cálculo, al tiempo que se reduce en la mitad su precio. Según los ingenieros, esto supone inaugurar tres revoluciones tecnológicas cada década.

También suponen auténticas revoluciones tecnológicas y comunicativas las innovaciones constantes propuestas por genios de nuestra época como Steve Jobs, el hombre que cambió la forma de relacionarse del hombre con los ordenadores, el genio que ha puesto el mundo al alcance de un solo dedo gracias a sus dispositivos.

Tecnologías relacionadas, como la biotecnología, también se han disparado. De acuerdo con la llamada ley de Monsanto, la capacidad de rentabilizar información genética se está doblando cada año o dos como máximo, lo que supone transformaciones profundas de la agricultura, nutrición, sanidad e ingeniería genética.

La aceleración de los ritmos tecnológicos está incidiendo ya sobre el desarrollo económico. ¿Qué ocurre con la política y la cultura? Ésta es otra cuestión. Ésta es la excepción. Primero será preciso elegir entre una visión pesimista o más bien optimista del futuro inmediato. Las cartas a favor de esta última hipótesis, como se ha hecho patente a lo largo del libro, son arrolladoras. Salimos de un infierno, literalmente, en el que el imperio del dogma era aplastante y exterminador de cualquier suspiro de libertad. No sólo el psicólogo Steven Pinker demuestra que los niveles de violencia planetaria están ya disminuyendo —a pesar de las dos guerras mundiales del siglo XX y del holocausto—, sino que comunidades enteras van a poder respirar, por primera vez, gracias a la irrupción de la tecnología en la vida cotidiana. La guerra subyacente entre los que no tenían nada y los que se aferraban a lo que consideraban suyo ha concluido.

A mediados del siglo XVIII, Londres estaba borracha de tanta ginebra. Nos lo cuenta el profesor Clay Shirky, de la

Universidad de Nueva York. La verdad es que, si uno se empeña, no es tan difícil saber cómo cambian los hábitos de las personas encerradas en la trama de los factores que antes mencionábamos del desarrollo social. El comienzo y la mitad del siglo XVIII fue una época particularmente dura para los trabajadores procedentes de la Gran Bretaña rural que acudían a Londres para incorporarse a la revolución industrial; no daban abasto vigilando las primeras cadenas de montaje de las industrias precursoras de la nueva era del hierro, carbón y materiales de transporte. Nadie se ocupaba todavía de lo que les pasaba por dentro a gentes cuya vida anterior había sido totalmente distinta; no es que estuvieran estresados, es que no podían soportar la nueva situación sin olvidarse de todo, sin emborracharse con ginebra en cuanto podían. Eso es lo que estaba de moda. Si no se tenía trabajo o se tenían unas horas libres, se aprovechaban para beber ginebra y mañana Dios dirá.

Lo cierto es que el consumo de ginebra alcanzó tales niveles que el propio Parlamento tuvo que intervenir para intentar rebajar la dosis de alcohol ingerida por los nuevos ciudadanos de la sociedad industrial. Sin efecto, por supuesto.

Como tampoco tuvieron efecto, ciento cincuenta años después, las advertencias de grandes expertos sobre los efectos dañinos de mirar la televisión más de cuatro horas diarias. ¿Por qué? Porque ni en el caso de la ginebra ni en el caso de la televisión eran esos productos los responsables de lo que estaba ocurriendo. En el primer caso se trataba de los impactos insospechados que estaban teniendo los modos de vida absolutamente distintos en personas que habían súbitamente cambiado el ambiente agrario por el industrial. En el segundo caso se trataba de gentes que habían renunciado al contacto e interacción social en favor de algo aparentemente más fácil y tan productivo como lo anterior: las más que excesivas horas de mirar la televisión salían de exprimir su vida social.

¿Y por qué, se preguntarán mis lectores, están ahora disminuyendo los jóvenes las horas dedicadas a la televisión? Pues, sencillamente, porque de un tiempo a esta parte es mucho mayor el tiempo que los jóvenes dedican a explorar mil tareas, a desgranar lo que Clay Shirky tilda de «excedente cognitivo»; algo nada sorprendente si somos capaces de medir el porcentaje de tiempo libre que, efectivamente, es mucho mayor que antes. Ni la ginebra en el siglo XVIII, ni la televisión en el siglo XX, ni el aislamiento personal en el siglo XXI han sido los verdaderos factores del cambio humano, sino el desconocimiento del nuevo mundo industrial y su impacto en el ánimo primero; la falta creciente de sociabilidad e interacción con los demás después, y, ahora mismo, la plétora insospechada de tiempo libre, así como las ganas de crear un universo distinto.

Los trabajadores del siglo XVIII tenían otras preocupaciones.

Es fascinante constatar que pasamos primero de un mundo en donde no quedaba tiempo ni para beber ginebra a otro en el que contemplando en los medios audiovisuales lo que pasaba a los demás olvidábamos a nuestros allegados. Finalmente, nos encontramos en una situación en la que no sabemos qué hacer con tanto tiempo libre; no sólo porque lo hay donde antes no lo había, sino porque nos adentramos en un paradigma nuevo en el que importa menos la realidad fabricada y más lo que podamos imaginar azuzando a nuestros miles de millones de neuronas.

Por primera vez en la historia de la evolución, podemos tratar el tiempo libre como un activo comunitario para emprender grandes proyectos colectivos, en lugar de consumir individualmente la ínfima parte que nos correspondería. Al comienzo ninguna sociedad sabe qué hacer con sus excedentes; en el siguiente capítulo veremos lo que haremos, muy probablemente, con el nuestro.

Capítulo 13
Un anticipo del futuro

Por primera vez en la breve pero intensa historia de la televisión, amplios colectivos de jóvenes están viéndola menos de lo que la veían sus predecesores. La pregunta es: ¿tarde o temprano se hartarán de hacer cosas complicadas fuera y volverán a la rutina de mirar la tele como antes? La respuesta parece ser no.

Por qué somos tan malos prediciendo

La gente puede sentir empatía por el sufrimiento de la comunidad o bien perder el tiempo, pero una vez elegida la forma de consumir parte del excedente cognitivo de la manera más apetecible, dicho impulso se convierte en algo irrefrenable y grandioso. Por ello, contradiciendo la experiencia pasada, no sólo es previsible el futuro lejano sino que es posible acariciarlo. El grado de indefensión frente a la posibilidad de cavilar sobre lo que se estaba pergeñando pasado mañana ha disminuido drásticamente.

Hasta ahora, una de las características de los humanos ha sido su escasa capacidad para predecir el futuro correctamente. A nivel emocional, no tenemos más remedio que constatar, tristemente, las incontables veces en que una realidad apacible puede transformarse de repente en un escenario trágico: arrojar al río a un bebé de diez meses como venganza por un desamor, o un suicidio a raíz de la pérdida del puesto de trabajo, para citar dos de los casos reseñados recientemente por la prensa diaria. Pero no hace falta la eclosión de un trauma emocional para ser incapaz de predecir el futuro individual.

Yo mismo he comprobado en varias ocasiones —con muestras distintas de públicos diversos— la incapacidad de la gente para predecir no sólo respuestas a preguntas complejas, como las posibles formas o plazos para salir de la crisis, sino también soluciones aparentemente sencillas como el diseño de la cama en la que les gustaría dormir dentro de cinco años. Tanto en el primero como en el segundo caso, se recurre siempre a soluciones experimentadas en el pasado; rara vez el futuro es el subproducto de una actitud innovadora, sino que tiende a asentarse, por el contrario, en la imitación del recuerdo ya conocido.

¿Por qué le resulta tan difícil al cerebro predecir el futuro? Muy probablemente, porque ello requiere lo que los neurólogos han catalogado como segundo imperativo de la inteligencia, es decir, la facultad para reconstruir representaciones mentales al margen de la realidad. Los neurólogos especializados en el conocimiento de la inteligencia están ahora revelando interacciones insospechadas, siendo la primera la de que la inteligencia no es, en modo alguno, un privilegio de los humanos, sino de aquellos animales que manifiesten promedios de flexibilidad conductual por encima de lo normal. La capacidad de representación mental de una escena determinada —unos comensales discutiendo en torno a una mesa— es una condición indispensable para poder predecir. ¿Cómo imaginar si no que un miembro del colectivo está a punto de abandonar la reunión?

La segunda condición para poder predecir tiene que ver con la flexibilidad del personaje involucrado, con su disponibilidad para cambiar de opinión sabiendo que es, precisamente, esa inconstancia o sabiduría la que atrae la reflexión y cálculos del observador. Si la capacidad de representación mental —que algunos animales no humanos no tienen— y la flexibilidad necesaria para cambiar de opinión —de la que carecen algunos humanos— definen la inteligencia, podemos intuir la aleatoriedad que domina el ámbito de la predicción.

Los animales pueden predecir si una situación determinada les puede producir placer o dolor gracias a que lo han experimentado anteriormente, pero los humanos, además, podemos predecir situaciones que no hemos experimentado mediante su simulación en nuestras mentes. El cerebro humano combina la información que capta con información almacenada para construir representaciones mentales del mundo exterior. La representación mental de un evento pasado es un recuerdo, la de un evento actual es percepción y la representación mental de un evento futuro es una simulación.

Cuando imaginamos el futuro, el córtex genera las simulaciones, engañando brevemente a los sistemas subcorticales para hacerles creer que el futuro se está desarrollando en el presente. Entonces, el córtex toma nota de los sentimientos que generan los sistemas subcorticales. Al córtex le interesan estos sentimientos, ya que codifican la sabiduría adquirida a lo largo de milenios por nuestra especie. Por ejemplo, todos sabemos que percibir un oso es una manera potencialmente peligrosa de aprender acerca de su significado adaptativo. Por ello, la evolución nos ha proporcionado un método para obtener esta información antes de tan peligroso encuentro. Cuando prevemos el futuro y presentimos sus consecuencias estamos solicitando consejo de nuestros ancestros.

Este método es ingenioso pero imperfecto. El córtex intenta engañar al resto del cerebro haciéndose pasar por el sistema sensorial. Estimula eventos futuros para hallar lo que saben las estructuras subcorticales, pero aunque lo intentemos, el córtex no puede generar estimulaciones con la riqueza y la realidad de las percepciones genuinas. Sus simulaciones son deficientes porque están basadas en un número bajo de recuerdos, omiten muchas características, no se sustentan a lo largo del tiempo y carecen de contexto. Además, nuestra memoria es frágil y está sesgada por nuestros sentimientos y creencias actuales, como ya se comentó en *El viaje al poder de la mente*. Comparadas con las percepciones sensoriales, las simulaciones mentales son meras imitaciones en cartón piedra de la realidad. Son suficientemente convincentes para producir breves reacciones hedónicas de los sistemas subcorticales, pero como difieren tanto de las propias percepciones las reacciones que producen difieren del mismo modo. Aunque la prospección nos permite en cierta forma navegar en el tiempo de un modo que ningún otro animal puede, todavía vemos mejor que predecimos.[1]

Pero volvamos a nuestra enumeración de las condiciones para poder predecir. La tercera condición del pensamiento inteligente tiene que ver con la complejidad cognitiva suficiente para galvanizar las interacciones que la creciente trama de redes sociales pone a disposición de todo el mundo. Analizada así la situación, no debiera ser imposible predecir el futuro. La regularidad de los avances tecnológicos permite acariciar el perfil de lo que viene, con lo que desaparecerá progresivamente la oscuridad que ha mostrado siempre el telón de fondo del desarrollo humano. Y, claro está, su reverso: la claridad creciente de las propuestas basadas en el optimismo.

En el capítulo 11 hablaba de la lentitud del cerebro para adaptarse a situaciones nuevas y ponía como ejemplo ese odio extendido contra la globalización por parte de algunos. Yo mismo —antes de reflexionar más a fondo sobre las causas precisas del desvarío actual, supuestamente transitorio— he aceptado basarme, más de una vez, en la idea lovelockiana de que tenía sentido mediatizar la lucha descarnada por la existencia justo cuando la tecnología había avanzado lo suficiente para que ya no fuera irremediable el enfrentamiento entre los que tienen algo contra los que no tienen nada. Tengo que aceptar que puede cuestionarse dicha opinión. Los neurólogos nos están demostrando que sirve de poco que la tecnología suministre los cambios necesarios si, simultáneamente, no se modifican las actitudes humanas.

Como explica con igual claridad que humildad la sociobióloga Rebecca D. Costa, se sigue buscando la razón de las desgracias en la oposición irracional de la gente a lo obvio, de ahí la manía de buscar siempre un culpable en concreto, de sustituir causas que explican un evento por relaciones casuales o de negar la complejidad resultante de la necesaria interacción. Pocos profundizan en las verdaderas causas de los cambios que se avecinan; el estudio del impacto del cambio climático es, probablemente, la única excepción.

Incluso el clima se puede pronosticar

Cuando nos topamos con un futuro incierto, muchas veces, influenciados por experiencias pasadas, emociones y creencias culturales, nos dejamos llevar por presentimientos a la hora de predecir el resultado de nuestras acciones. Durante miles de años, estas respuestas intuitivas nos han servido para tomar decisiones; sin embargo, existen determinadas situaciones que requieren evaluaciones analíticas y rigurosas que nos permitan tomar las decisiones correctas. Por ejemplo, elegir entre diferentes tratamientos médicos para curar una enfermedad, o entre varias opciones financieras de resultado incierto, o tratar de pronosticar el clima que tendremos dentro de cien años si el futuro de nuestra civilización dependiese de ello.

El paleoclimatólogo Curt Stager, profesor de ciencias naturales en la Universidad Paul Smith de Nueva York y uno de esos raros intrusos del conocimiento acostumbrados a fijarse sólo en las variables pasadas para intuir lo cotidiano, llega más adelante en sus predicciones, y nos avisa que de no disminuir las emisiones de dióxido de carbono (CO_2) podríamos incluso impedir la próxima glaciación. Asombroso, ¿o no? ¿Estará la humanidad todavía sobre la Tierra para verla?

Pero vayamos por partes: el Grupo Intergubernamental de Expertos sobre el Cambio Climático (Intergovernmental Panel on Climate Change, IPCC) tiene suficientes datos para afirmar que el calentamiento global puede repercutir en un aumento, en promedio, de casi tres grados centígrados en la temperatura de la superficie de la Tierra al final del siglo XXI. Como veremos, según algunos modelos de cambio climático, esto será catastrófico. La amenaza del calentamiento global ha pasado a formar parte de la conciencia social y numerosos grupos de expertos están investigando el detalle de su impacto.

Sin embargo, hay opiniones divididas al respecto. En un extremo, se encuentran los que consideran que el cambio climático es parte de un gran ciclo normal del planeta en el que se alternan épocas glaciares e interglaciares y cuyo origen está en la forma y posición de la órbita de la Tierra alrededor del Sol, lo cual es totalmente cierto. Y por otro lado, hay un gran número de expertos y científicos que opinan que el ser humano, con su desarrollo, está influyendo en estos ciclos mediante la generación de dióxido de carbono y el efecto invernadero, que calienta la superficie y la atmósfera terrestre de tal modo que provoca una aceleración de la descongelación de los polos. Todos intuimos las graves consecuencias que esto puede acarrear.

Actualmente vivimos en el Holoceno, la séptima etapa interglacial de la última edad de hielo (Cuaternario), que comenzó hace 12.000 años. La anterior época interglacial, denominada Eemiense, finalizó hace 114.000 años y tuvo una duración de 16.000 años; fue la época en la que se originó el *Homo sapiens* en el este de África.

Según los expertos, durante el Eemiense la Tierra experimentó un calentamiento global abrupto debido a que el Sol se alineó de tal forma que el Ártico comenzó a derretirse. Durante esta época interglacial, la temperatura global del planeta fue entre 2 y 5 °C más elevada que la actual, y el nivel del mar era de 4 a 6 metros superior, por lo que las zonas costeras donde hoy viven 146 millones de personas estaban inundadas. Aunque las causas del calentamiento terrestre fueron distintas en el Eemiense —mayor calor del Sol incidiendo sobre el hemisferio norte— que en la actualidad —aumento de CO_2 y efecto invernadero—, el conocimiento de parámetros físico-químicos de aquella época nos permitirá ayudar a prever y comprender los efectos del calentamiento del clima a lo largo de los próximos años.

El poeta Thomas S. Eliot lo tenía muy claro: «El tiempo presente y el tiempo pasado quizás están presentes en el tiempo futuro, y el tiempo futuro contenido en el tiempo pasado.»

Ante estas perspectivas, en 2007 se puso en marcha el proyecto NEEM (North Greenland Eemian Ice Drilling), formado por un equipo de científicos de catorce países e integrado por más de trescientas personas. Su objetivo: taladrar un orificio de dos kilómetros y medio de profundidad en el hielo, duro como la roca, en una localidad situada en el noroeste de Groenlandia, para acceder a las capas de hielo correspondientes a la época interglacial del Eemiense y obtener muestras que nos ayuden a generar con exactitud modelos climáticos de la Tierra.

André Berger y Marie-France Loutre han investigado las órbitas que adoptará la Tierra en el futuro, y han estimado que serán necesarios otros 30.000 o 50.000 años para que la órbita de la Tierra adopte los parámetros necesarios para que tenga lugar otra edad de hielo. Si es que llega. ¿Por qué? Curt Stager nos avisa de que la emisión prolongada de gases de efecto invernadero llegaría incluso a detener la próxima glaciación.

Todo dependerá del comportamiento de los humanos. No nos hemos equivocado al vincular el moderno calentamiento global con el efecto invernadero: la clave sigue siendo el dióxido de carbono. Los niveles de dióxido de carbono en el Eemiense eran de 275 partes por millón (ppm), casi la mitad de los 400 ppm de la actualidad. El peligro radica en que no logremos detener la emisión de gases y estos niveles sigan aumentando. Por si acaso, el IPCC aconseja reducir las emisiones de dióxido de carbono a 350 ppm.

Lo más lógico es pensar que pasarán décadas y siglos antes de que esos niveles de contaminación vuelvan a sus límites preindustriales, a esos 350 ppm recomendados por los expertos, lo cual nos lleva a concluir que no sólo no tenemos más remedio que aceptar el calentamiento estimado por los expertos, sino la desaparición del mapa climatológico de cualquier época glacial hasta dentro de unos 50.000 años.

Las últimas estimaciones apuntadas por Curt Stager indican, es cierto, una ralentización del cambio climático, pero también que «lo que sube, tarde o temprano tiene que bajar». En estos momentos, lo que los expertos están calculando es cuándo ocurrirá eso, más allá de los próximos 50.000 años. Es evidente que la temperatura no puede aumentar indefinidamente hasta que el planeta explote en llamas. No hace falta ser ningún adivino para prever que dentro de 100.000 años, o en el curso de los siguientes 100.000, la humanidad tendrá que ir deshilvanando gran parte del tejido vital que le habrá impuesto el prolongado calentamiento fruto del efecto invernadero instigado por el aumento de dióxido de carbono.

Como digo, todo dependerá de nosotros. Según Curt Stager, si tomamos la vía moderada de emisión de gases y somos capaces de bajar a 350 ppm, la mayoría del hielo polar sobrevivirá y el nivel del mar probablemente ascenderá sólo unos pocos metros durante los próximos milenios, lo cual dará tiempo suficiente a la civilización para adaptarse a ello. Si no somos capaces, transformaremos el mundo, porque el nivel del mar ascenderá más de sesenta metros, el dióxido de carbono acumulado en la atmósfera comenzará a disolverse en los océanos y el ácido carbónico destruirá numerosas formas de vida marina, incluidos los arrecifes de coral.

El impacto de la acción del hombre en el resto de los animales no humanos y humanos

Resulta que la acción del hombre puede ser mil veces más decisiva que el cambio climático a la hora de configurar el futuro del resto de los animales. A estas alturas, caben pocas dudas de que los animales, tanto antes como ahora, siguen comportándose igual: los herbívoros van a donde hay suministros de alimentos y los depredadores siguen a sus víctimas. Las diferencias entre la anterior etapa interglaciar con el mundo de hoy, o el que venga dentro de 50.000 o 100.000 años, no debieran haber necesariamente configurado una situación tan esperpénticamente distinta de la actual. Fue la acción de los homínidos mucho más que la del cambio climatológico la responsable del vacío que nos rodea.

La fauna que habitaba los bosques de la Europa Central en la época interglacial Eemiana incluía lobos, zorros, jabalíes, castores y un gran surtido de diferentes especies de ratones. Pero nadie parece darse cuenta del paisaje vaciado de especies que es el nuestro. Como nos recuerda con tristeza Curt Stager: «Los americanos han perdido tigres dientes de sable, leones de las cavernas, múltiples especies de elefantes y camellos. Ya no quedan canguros de cara corta ni marsupiales gigantes, y los osos cavernarios no cazan en las cavernas pintadas de Francia.»

En cuanto a los animales humanos, tampoco son previsibles grandes cambios. Parece que anatómicamente no cambiaremos demasiado. Como es sabido, existe una correlación entre la duración de la vida máxima en años y la masa en gramos del cuerpo.

No es previsible que la esperanza de vida se prolongue en los animales no humanos, pero sí que se mantenga la correlación entre vida y masa en los humanos; ya que la esperanza de vida se podría multiplicar por cuatro en los próximos 100.000 años, cabría esperar una masa corporal mayor que en la actualidad. El sobredimensionamiento actual de las estaciones de ferrocarril y de aeropuertos, que obliga a esfuerzos difícilmente imaginables a los seres humanos de edad avanzada y tamaño pequeño, desaparecería o

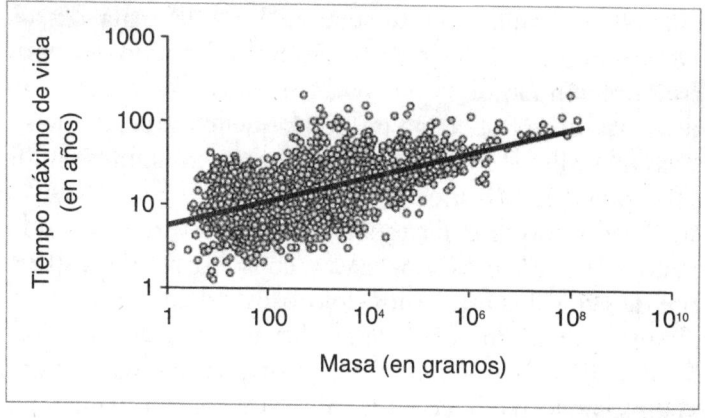

Sin cambios mentales no podrán mejorarse los límites de la física.

—para ser más exactos— se compaginaría mejor con la realidad actual.

Dado que las tasas de mortalidad infantil apenas podrán disminuir por debajo de los niveles ínfimos en que ya están situadas en Occidente, el alargamiento sin precedentes de la esperanza de vida se deberá, casi exclusivamente, a la negativa a morirse de las personas centenarias. Todo hace pensar que se confirmará la cuatriplicación de la esperanza de vida, alcanzando los límites que la medicina ha sugerido ya como posibles cuando se vigila la dieta y se personaliza el cuidado de la salud.

A la evolución sobre la esperanza de vida debe añadirse la disminución definitiva de la tasa de natalidad en la mayoría de los países, a razón de la experiencia comprobada de que cuando la gente vive mejor tiende a descubrir otros horizontes para explorar además de los de la maternidad. Cuando la esperanza de vida era de treinta años, la maternidad era el último esfuerzo gratificante para asegurar la supervivencia en los pocos años que quedaban, antes de que una leona se comiera al o a la protagonista. Desde entonces, se ha iniciado el proceso llamado de desestructuración familiar que conduce, inevitablemente, a un descenso de la población mundial, que los expertos no sitúan más allá de los 10.000 millones de habitantes en los próximos 100.000 años.

No es imposible que esta tendencia se trunque cuando dentro de quinientos años se vaya consolidando la costumbre de evitar los trastornos dolorosos del embarazo y del alumbramiento mediante la fabricación de placentas artificiales. El arraigo en la población femenina del llamado instinto maternal —en las hembras de los chimpancés no siempre se da con la misma intensidad— sufrirá con toda seguridad variaciones adaptativas que conducirán a menores nacimientos naturales.

El resultado de una simple transposición al futuro de los procesos incipientes en la actualidad conduce, pues, a imaginar sociedades pobladas por gente mayor que había conseguido aplazar casi *sine die* los estragos del envejecimiento. Como sucede ya ahora con la gran mayoría de las personas de edad muy avanzada, esos grupos poblacionales de edades comprendidas entre trescientos y cuatrocientos años serán colectivos incomparablemente más optimistas, risueños y adaptados a sus circunstancias que las parejas en edad de trabajar en la actualidad. Por varias razones.

En primer lugar, las personas del sexo femenino habrán podido superar el actual impacto negativo de una sociedad que no sólo ha permitido sino que ha fomentado su incorporación a los procesos de producción sin alterar para nada los mecanismos de protección institucional que reclamaba la asunción de su triple compromiso familiar, laboral y social o político. La mujer occidental pudo incorporarse al mundo laboral a su costa; es decir, sin la ayuda institucional de guarderías infantiles profesionalizadas y cursos de formación para la educación de la infancia.

Se está hablando de un horizonte en el que tanto el cuidado de la condición humana como la educación de los niños —convertidos en activos valiosos a raíz de la disminución constante de éstos— habrá sido asumida por el Estado desde su nacimiento. Dentro de 100.000 años nadie se acordará de las estampas de madres pidiendo limosna con la mirada desgarradora de sus bebés en brazos, de las bofetadas y patadas propinadas a inocentes en plena calle o de los consejos obtusos impartidos a la infancia cuando su educación se dejaba en manos de incompetentes en materia de educación emocional. Estamos hablando de un universo en donde, desde los primeros días y semanas de haber nacido, el Estado habrá asumido la responsabilidad de que todos los ciudadanos se formen en el aprendizaje social y emocional.

La segunda gran variable que habrán encajado las futuras generaciones gracias a los descubrimientos y apoyos neurológicos es que la pegajosa adherencia a las convicciones no comprobadas del pasado habrá desaparecido. Una dependencia excesiva del pasado lo convierte en un instrumento para rechazar lo nuevo. Cuando esto ocurre la creatividad se tapona, envenenando a la juventud con viejas barricadas.

Más allá del final

Se ha estimado que un 30 por ciento de las plantas y animales del mundo desaparecerán antes de cien años. Como señala Chris Impey, «a diferencia de todas las extinciones

anteriores, ésta tiene nuestras huellas por todas partes».
Algunas de las predicciones en boga son relativamente fáciles de adivinar, porque se desprenden de correlaciones ya conocidas, de causalidades repetidas o simplemente de extrapolaciones de datos acumulados. Otras son el fruto de reflexiones en torno a comprobaciones recién descubiertas o identificadas por la comunidad científica. Ésas son las que diseñarán el futuro.

Las investigaciones más recientes indican que el tamaño de la amígdala, una estructura cerebral del tamaño de una almendra, tiene algo que ver con la magnitud y el carácter de la red social en la que una persona está involucrada. Pero ¿qué es lo que hace la amígdala? Se trata de una zona que está intensamente conectada con prácticamente todas las estructuras cerebrales. Se sabe que la amígdala juega un papel esencial en nuestras reacciones emocionales y en la conducta social: nos ayuda a reconocer si alguien es un extraño, un conocido, un amigo o un enemigo, algo básico en el mantenimiento de las relaciones sociales. Además, los primates no humanos ubicados en grupos sociales muy amplios suelen tener una amígdala mayor que aquellos individuos que se asocian en grupos más pequeños. ¿Podríamos tener el número de amigos ya determinado según fuese el tamaño de esta estructura?

Kevin Bickart y Lisa Barrett abordaron el siguiente paso lógico, que era el de investigar en qué medida el volumen de la amígdala en los humanos cambia en función del tamaño de su grupo social. En definitiva, una amígdala mayor para lidiar con una vida emocional más intensa está vinculada a un círculo de amigos más numeroso.[2] De manera que a la pregunta imposible de saber de cuántos amigos dispone uno, se puede ahora contestar examinando esta estructura, que está escondida en lo más recóndito de nuestro cerebro. Al igual que en múltiples otras ocasiones, los saltos adelante en el conocimiento vienen dados no tanto por los descubrimientos insospechados de mentes brillantes sino por la manera de mirar, interactuar y manejar datos y órganos ya existentes, pero que se creían dedicados a un tipo de conductas determinadas. Todo el mundo sabía que la amígdala regentaba el ámbito de las relaciones interpersonales, tales como la interpretación de expresiones faciales de orden emocional, pero muy pocos podían imaginarse que su tamaño y el número de conocidos estaban correlacionados.

Ahora resulta que un órgano cerebral en concreto aporta los aprendizajes necesarios para una vida social más compleja. La psicóloga Lisa Feldman Barrett, de la Northeastern University de Boston, se preguntó si una amígdala mayor permitiría a los humanos edificar una vida social más compleja. El equipo de Barrett midió el volumen de la amígdala en cincuenta y ocho adultos sanos, utilizando imágenes acumuladas durante sesiones de resonancia magnética. Para elaborar redes sociales, los investigadores preguntaron a los voluntarios con cuántas personas mantenían una relación continuada y a cuántos grupos pertenecían aquellas personas. Descubrieron que los participantes que poseían redes sociales más grandes y complejas también tenían amígdalas más voluminosas. El efecto en cuestión no dependía de la edad de los voluntarios y, lo que es más importante, no estaba relacionado ni con la calidad de esas relaciones ni con el grado de disfrute. Esto sugiere, según los investigadores, que la felicidad no es factor causal que conecta el tamaño de esta estructura de un individuo con su número de amigos. El trabajo también demostró que no existía la misma relación entre el tamaño del hipocampo y el de la red social.

Barret nos dice que los hallazgos de este estudio son consistentes con la hipótesis del «cerebro social», la cual sugiere que la amígdala podría haber evolucionado, en parte, para permitirnos tener una vida social cada vez más compleja. Entonces, ¿una amígdala grande nos ayudaría a relacionarnos más y mejor?, ¿o aumenta al relacionarnos? Todavía no hay respuesta a tan interesante cuestión, aunque intuitivamente podríamos decir que hay algo de ambas posibilidades, causa y efecto. El entendimiento de la relación entre esta estructura cerebral y las relaciones sociales podría ser de gran utilidad para tratar enfermedades relacionadas con la dificultad para establecer conexiones sociales, como el autismo o la depresión. Esto es de extrema importancia, ya que existen trabajos en los que se describe que las personas con un espectro de desórdenes autistas poseen amígdalas de pequeño tamaño, lo que podría explicar sus problemas sociales.

A la luz de lo que acabamos de explicar, no parece arriesgado predecir el comportamiento social de los humanos en los próximos 100.000 años en todo lo referido al elemento emocional, en función del impacto provocado por alteraciones o modificaciones de su amígdala, o de otros «órganos», como el genoma en lo que se refiere a procesos cognitivos y conscientes. Las innovaciones científicas nos permiten asumir desde ahora que las modificaciones de sus órganos cerebrales acordadas y decididas por los propios humanos, como la amígdala, o de su ley de vida, como las modificaciones del ADN, serán decisivas a la hora de predecir su futuro, por muy lejano que esté.

Capítulo 14

Los próximos 100.000 años

La irrupción de la ciencia en la cultura popular logrará lo que no han conseguido todavía la comunidad científica internacional ni, por supuesto, las instituciones políticas y entes sociales que no han sabido o querido superar el pesimismo de los humanos.

Se aplazará durante décadas el envejecimiento

En el capítulo anterior se aludió a la evolución o modificación de determinados órganos cerebrales y al propio secreto de la vida —el llamado ADN— para sugerir que el futuro, incluso el más lejano, será incomparablemente más influenciable que el pasado o el presente.

En este capítulo final de *Viaje al optimismo,* se ha elegido invitar a los lectores a reflexionar sobre el factor que va a propulsar los grandes cambios que se avecinan. Si hubiera que identificar el proceso potencialmente más revolucionario para diseñar el futuro, que es a la vez el más postergado y subestimado por los mecanismos de decisión de los centros de poder, muy pocos adivinarían el tema a que nos estamos refiriendo. Nadie es consciente todavía de que la idea promovida bajo el lema incomprensible de centros trasnacionales, de la mano del investigador Eric Topol, está diseñando el futuro individual y social de las multitudes desatendidas y desorientadas.

Me estoy refiriendo, claro está, a la medicina personalizada. Recuerdo el día en que Eric Topol, médico y director del Scripps Traslational Science Institute de La Jolla,
California, un auténtico visionario, me hizo un reconocimiento médico completo con un *gadget* no mayor que
un teléfono móvil; pude ver hasta el latido desacompasa-
do pero nada débil de mi músculo cardíaco, además de
todos los datos referidos a los secretos del cuerpo. El médico informático había inaugurado ya el periodo en que el
hombre empieza a ocuparse del cuerpo no sólo cuando
algo va mal, sino desde el principio.

Esta idea revolucionaria es ahora posible gracias a la
personalización fomentada por el desarrollo tecnológico,
no sólo de la medicina, sino de la educación, la cultura y
el entretenimiento. El excedente cognitivo abstracto y generalizado puede hoy adaptarse a las necesidades individuales gracias a la tecnología.

Hallazgos genéricos, como el descubrimiento de formas
para aumentar la memoria almacenada en el hipocampo,
se individualizarán para paliar necesidades concretas de
categorías de individuos, como jóvenes o mayores. Ya no
es un acto de fe vaticinar que, antes de que hayan transcurrido varias décadas, los mayores podrán, efectivamente,
beneficiarse del mayor potencial de memoria de los jóvenes, a raíz de un descubrimiento que acaba de efectuarse
en la School of Medicine de la Universidad de Stanford.

Sabemos que al desarrollarnos como adultos perdemos
neuronas, y con éstas las capacidades cognitivas que de ellas
dependen, como la memoria espacial, encargada de recordar dónde habíamos dejado las llaves de casa. Lo malo es
que, exceptuando determinadas regiones cerebrales como
la circunvolución dentada, el cerebro adulto apenas tiene
células madre que puedan generar nuevas neuronas. El
desarrollo de la tecnología para el transplante de células

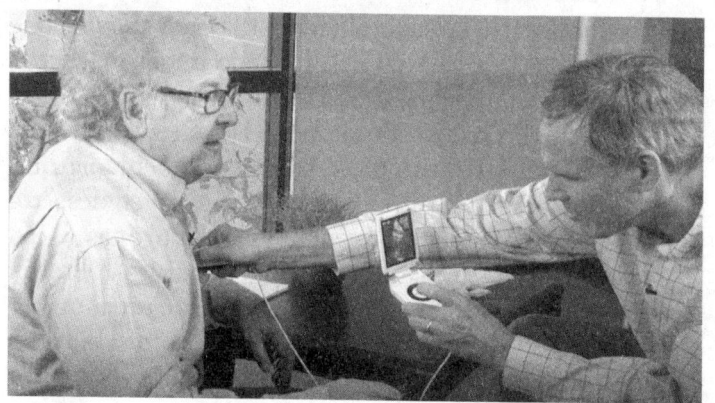

El médico Eric Topol exprime todos los datos necesarios del cuerpo para su análisis clínico.

madre en el cerebro podría servir en el futuro para paliar el déficit de células nerviosas y ayudarnos a disfrutar plenamente de nuestros recuerdos toda la vida, o reparar daños cerebrales mediante la medicina regenerativa, como explicaremos un poco más adelante.

El neurocientífico de la Universidad de Stanford Tony Wyss-Coray intuía que la sangre que nutre nuestro cerebro podría albergar algún componente que afectase de alguna forma la neurogénesis, esto es, la formación de nuevas neuronas. Su idea se basó en otras investigaciones, no relacionadas con la neurología, en las que se demostró que la sangre de un ratón joven transfundida a un ratón viejo mejoraba el sistema inmune y proporcionaba vitalidad a las células musculares del animal de más edad. ¿Podría ser que, que como en el antiguo cliché de los vampiros, la sangre joven guarde el secreto de la fuente de la juventud?

Para realizar el estudio, los científicos dirigidos por Wyss-Coray conectaron los sistemas circulatorios de un ratón de tres meses y de un ratón de dos años mediante una forma de cirugía denominada parabiosis que los une como si fuesen gemelos siameses. Cinco meses más tarde analizaron diferentes parámetros, como la neurogénesis. Sorprendentemente, los dos ratones, el joven y el viejo, emparejados gracias a la cirugía, habían experimentado cambios neuronales: mientras que el ratón más joven desarrolló una reducción en la producción de neuronas y una disminución en la actividad neuronal (sinapsis), el ratón de más edad experimentó justo lo contrario, un aumento en la neurogénesis y en las sinapsis. Era como si el ratón viejo hubiese rejuvenecido, según comentaba el director del trabajo en la prestigiosa revista científica *Nature*. A continuación, los investigadores comprobaron que el plasma obtenido de la sangre de ratones viejos efectivamente tenía un efecto sobre el comportamiento cognitivo de los ratones jóvenes: aunque éstos eran capaces de realizar las tareas sin problemas, olvidaban rápidamente lo aprendido.

El grupo de investigación realizó una búsqueda entre más de sesenta moléculas secretadas por células de la sangre de individuos viejos y halló una, denominada eotoxina o CCL11, que aplicada a ratones jóvenes tenía el mismo efecto que la sangre o el plasma viejo. Específicamente, los ratones inyectados con eotoxina experimentaron una baja producción de células nerviosas en la circunvolución dentada del hipotálamo. Este asombroso descubrimiento nos muestra que en la sangre circulan moléculas capaces de disminuir la producción de neuronas, lo cual implica que el declive de las funciones cerebrales con la edad podría deberse, además de a los fallos intrínsecos de las propias células del sistema nervioso, a factores extrínsecos del propio cerebro.

Abrimos los ojos incrédulos cuando Wyss-Coray nos cuenta que en los humanos también hay una correlación entre el nivel de eotoxina y la edad, de manera que, a más edad, más eotoxina. ¿Por qué no eliminarla de la sangre? Así, quizás, no tendríamos que resignarnos al inevitable impacto de la edad en nuestras células cerebrales. Caben pocas dudas, entonces, de que, con el tiempo, se puedan modificar esos factores y recuperar procesos que sólo se daban en la juventud.[1]

La medicina regenerativa está a las puertas de la revolución terapéutica que se nos había prometido: reemplazar o regenerar células humanas, tejidos u órganos parar restablecer su función normal. Muchas especies de anfibios y algunos peces son capaces de regenerar de forma natural partes de su cuerpo. La salamandra, por ejemplo, puede hacer crecer su cola, mandíbulas, intestino, cristalino y retina. El pez cebra, modelo de estudio en muchos laboratorios, tiene la capacidad para reconstruir aletas, escamas, médula espinal y parte del corazón.

Los humanos nos hemos convertido en una especie altamente evolucionada, pero con una capacidad regenerativa muy limitada. Nuestros cuerpos perdieron hace mucho la capacidad de crecimiento infinito que permite a los tritones regenerar una extremidad amputada. A medida que nos hacemos mayores nuestra población de células madre, responsables de la generación de tejidos y órganos, no puede resolver todos los problemas de la edad, y comenzamos a fallar.

Hace tiempo que la medicina regenerativa, por medio de Nadia Rosenthal, del Laboratorio de Biología Molecular Europeo, se fijó en la leyenda de Prometeo, el titán griego castigado por revelar a la humanidad el secreto del fuego.[2] La mitología griega cuenta que el dios Zeus encadenó a Prometeo al monte Cáucaso, donde un águila se alimentó del hígado del titán diariamente durante 30.000 años. Al ser Prometeo inmortal, su hígado se regeneraba tan rápido como era devorado por el ave. Como mortales que somos no tenemos la asombrosa capacidad de regeneración de Prometeo. Sin embargo, la terapia celular y la medicina regenerativa nos la podrían proporcionar antes de lo que pensamos.

Actualmente se están llevando a cabo numerosos ensayos clínicos que implican la utilización de células madre para tratar diferentes enfermedades neurodegenerativas, cardiovasculares o lesiones de la médula espinal, entre otras.[3] Sin embargo, la inmensa mayoría de estos ensayos están en la fase inicial, que investiga si la terapia es segura para el paciente. Basta recordar que estas intervenciones precisan a menudo de cirugía e inmunosupresión —puesto que se trata de transplantes—, y, por si eso fuera poco, las células madre poseen además un riesgo intrínseco de generar tumores o de diferenciarse en tipos celulares no deseados.

A pesar de que la medicina regenerativa está todavía en fase experimental, una división del Departamento de Salud y Servicios Humanos de Estados Unidos, la FDA, autorizó en 2006 el primer ensayo clínico en humanos para inyectar células madre neurales en el cerebro de seis niños, con edades comprendidas entre los dos y los nueve años, que padecían estados muy avanzados de la enfermedad de Batten. Este transtorno, que afecta al 0,002 por ciento de la población infantil en Estados Unidos, es un trastorno neurodegenerativo mortal causado por una deficiencia genética que impide que los afectados produzcan una proteína enzimática necesaria para la correcta homeostasis de las neuronas, por lo que éstas acaban muriendo, con los consiguientes daños para el tejido neural. El éxito de la terapia depende en última instancia de que las células madre migren allí adonde se las necesite para producir la enzima, y que ésta consiga compensar su defecto endógeno. A pesar de las enormes dificultades técnicas, y de los problemas mencionados anteriormente, los seis niños sobrevivieron a la primera fase del ensayo y cinco de ellos se incorporaron a un programa clínico de seguimiento en el que se analizará la eficacia del tratamiento; hay que decir que el sexto murió unos meses después debido a su enfermedad.

Todos guardamos la esperanza de que en un futuro próximo la medicina regenerativa pueda salvar todos los obstáculos y sirva para mejorar la salud de personas que padecen enfermedades y lesiones todavía incurables por otros medios. La dura realidad es que este tipo de ensayos clínicos, a menudo demasiado experimentales o muy caros, son desgraciadamente el último recurso al que se aferran muchas familias.

Como podemos comprobar, los avances en la medicina moderna dependen de la entrega, la lucha y la generosidad inmortal de pacientes, familias, personal médico y científico, que parecen llevar en su interior el fuego de Prometeo.

La difusión de la medicina personalizada

Mi padre era un médico rural que actuaba como semifuncionario de lo que entonces se llamaba Asistencia Pública Domiciliaria. A docenas de gitanos a cuyas madres asistió en sus difíciles partos, debajo del puente del *riu* Gran, les pusieron su mismo nombre, Eduardo. El transporte entre los pueblos a cuyos pacientes atendía se hacía con una mula, que deambulaba cansina entre Vilella Baixa, Vilella Alta, Cabacés, Gratallops y La Figuera. No había registros de historiales médicos y se recurría siempre a la memoria imperturbable de mi padre.

En la habitación habilitada como despacho, lo primero que se pedía al paciente era que sacara la lengua, un procedimiento en lo que se basaba un buen porcentaje del cálculo de la condición clínica. No se habían universalizado todavía las prestaciones sanitarias, pero nadie dudaba de que todos tenían derecho a que se cuidara de su salud. Aquella medicina humanizada y dislocada es la antítesis de lo que será la medicina dentro de 50.000 o 100.000 años.

La medicina de entonces se parecerá mucho más a la creada por Steve Case, fundador de la empresa de servicios por Internet AOL, que mediante una suscripción de cien dólares al año permite acceder en Estados Unidos a recursos sobre salud y temas de vida sana, combinados con características propias de redes comunitarias y sociales.

Las transformaciones inminentes de la medicina en el futuro inmediato y lejano se asentarán, en primer lugar, sobre la tecnología y la nanotecnología. El coordinador de los servicios ofrecidos ya no será el médico sino el paciente, sobre el que recaerá la continuidad de la llamada medicina personalizada. Por último, la formación, la generación de conocimiento, los cuidados impartidos y los registros estarán sustentados en la explosión de las redes sociales.

El árbol de la vida, o genoma de cada individuo, será el instrumento de confianza sobre el que elaborar un tratamiento personalizado. Lo extraño e inexplicable es que no se haya aplicado antes; tal vez sea para no desbaratar los suministros de fármacos ya garantizados, ni los reglamentos innumerables que las autoridades gubernativas han promulgado para proteger al cliente, tanto como para curarse en salud. Respetemos el orden cognitivo, sin embargo, y empecemos por el tratamiento clínico en base al genoma estudiado. Constataremos después las ventajas de la utilización de las redes sociales.

Hoy por hoy la información que el paciente puede recibir por e-mail contiene los 3.200 millones de nucleótidos para descubrir todo su ADN. La secuenciación completa del genoma de un individuo, esto es, la lectura de una secuencia lineal de cuatro tipos de nucleótidos, la adenina, la timina, la citosina y la guanina, que se alternan sin un orden aparente, costaba hace unos pocos años varios millones de dólares, y ha bajado actualmente a menos de 10.000 dólares. Pero incluso por menos de cuatrocientos dólares uno puede conseguir información sobre las probabilidades de padecer ciertas enfermedades genéticas. Esta reducción en el coste pronto le dará a la gente una oportunidad sin precedentes para conocer su carácter biológico e incluso psicológico. ¿Nos hemos adentrado en la era de la genética de consumo? Ésa es la pregunta que se formulaba Steven Pinker en un reportaje de *The New York Times* titulado «Mi genoma, mi yo» y que citaremos de nuevo más adelante.[4]

Como veremos, la medicina está a un paso de recetar secuenciaciones del genoma. Lo primero que Debbie Jorde notó en su hija recién nacida era que tenía los brazos doblados en un ángulo antinatural. Pero además presentaba otros problemas: el paladar hendido, ocho dedos en manos y pies y no tenía párpados inferiores. Su diagnóstico: síndrome de Miller, una enfermedad tan poco común que los médicos siempre asumieron que era debida a una mutación espontánea, y que no se heredaba. «Las posibilidades de tener un segundo hijo con el síndrome son menos de uno en un millón», les dijeron los doctores a los padres. Se equivocaron: la segunda hija de Debbie nació con la misma enfermedad.

Lynn Jorde, el actual marido de Debbie, un genetista de la Universidad de Utah, todavía se estremece cuando su mujer le recuerda la justificación de los médicos a la vista de un futuro tan desolador. «La respuesta correcta para esta situación es que ha habido tan pocos casos que realmente no se puede predecir el riesgo.» Como comprobaréis, los médicos volvían a estar equivocados.

En el año 2009, Debbie, su ex marido y sus hijos se convirtieron en la primera familia en el mundo en conocer la secuencia completa de su genoma. Durante los seis meses siguientes, se comparó el ADN de los cuatro genomas con el de otros enfermos que padecían el mismo síndrome y que se acababan de incorporar al estudio. Los investigadores pudieron identificar el gen implicado, llamado DHODH. Se trata de un gen recesivo.

«Como promedio, probablemente todo el mundo es portador de cinco a diez genes mutados o defectuosos. Los problemas surgen cuando el gen de la enfermedad es dominante o cuando están presentes los dos genes recesivos de la enfermedad en ambos cromosomas del par.» Ésta fue la explicación que Lynn Jorde le dio a su mujer para aclararle cómo desarrollaron esta enfermedad hereditaria.

Al ser recesivo el gen, los niños no habrían desarrollado la enfermedad si uno de los dos padres no tuviese la mutación. Según las leyes de la genética, sus posibilidades de tener un hijo con el síndrome eran en realidad una de cada cuatro. Ahora, Debbie y sus hijos conocen los riesgos genéticos de la familia. Sin embargo, de haberlo sabido antes, quizás la mujer no habría arriesgado con la salud de sus hijos, ¿o sí?

El análisis genético reveló además que los niños tenían un segundo trastorno genético, denominado discinesia ciliar primaria, que afecta al desarrollo pulmonar. «Antes de este descubrimiento nunca supimos por qué los niños no paraban de contraer neumonía», comentó Debbie Jorde.

Familias como ésta son parte de una vanguardia de personas que padecen enfermedades raras o cáncer, y cuyos genomas han sido secuenciados para ayudar a diagnosticar o comprender su condición.

Actualmente, gracias a que la secuenciación de ADN es mucho más barata y rápida, se están poniendo a punto programas clínicos para secuenciar de forma rutinaria el genoma de aquellos pacientes cuya curación dependa de ello. Una empresa estadounidense, puntera en secuenciación, denominada Illumina, ofrece una lectura completa del genoma de personas que sufran una enfermedad potencialmente mortal por sólo 7.500 dólares. La misma empresa ofrece sus servicios para la secuenciación de células tumorales y células sanas de pacientes con determinados tipos de cáncer por 10.000 dólares. Éstos son los precios que pueden salvar vidas humanas. Resulta increíble. Aunque como veremos a continuación, el análisis de los resultados es realmente lo más caro, ya que requiere tiempo y personal preparado.

David Bick, un genetista clínico del Colegio Médico de Wisconsin, en Milwaukee, considera que si los precios pudiesen bajar aún más, la prescripción de la secuencia del genoma y su análisis sería como solicitar una resonancia magnética. Sin embargo, a diferencia de los resultados que se pueden obtener de la mayoría de las pruebas médicas —en las que la mayor complejidad radica en comprender la escritura del médico—, la lectura del genoma proporciona una ingente cantidad de datos que deben ser interpretados y analizados correctamente. La clave radica en saber distinguir los genes que importan de los que no. Por otra parte, desentrañar la madeja del ADN humano y aconsejar a los pacientes y sus familias de forma adecuada puede ser una carga demasiado pesada para los sistemas médicos, que normalmente están trabajando por encima de sus posibilidades.

Otro ejemplo. El niño Nicolás Volker nació con una

rara afección que devastó sus intestinos. Con tres años recién cumplidos, Nicolás ya había sufrido más de cien operaciones quirúrgicas y los médicos todavía no habían conseguido identificar su enfermedad. Pensaban que padecía una rara deficiencia inmunológica y que un trasplante de médula ósea podría corregir el problema. De manera que realizaron una serie de análisis clínicos, incluyendo la secuenciación de varios marcadores genéticos, para averiguar si debían someter a Nicolás al transplante. Pero los resultados no fueron concluyentes. Finalmente, después de intensas deliberaciones, un equipo del Colegio Médico de Wisconsin fue autorizado para secuenciar el exoma de Volker, el 1 por ciento del genoma que codifica las proteínas.

Algunas empresas han empezando a ofrecer sus servicios de secuenciación del 1 por ciento de nuestro genoma que incluye todos nuestros genes, el exoma. Entonces, ¿qué es y qué hace el 99 por ciento restante? Antiguamente a este ADN, que no codifica proteína alguna, se le denominaba ADN basura, pero ahora sabemos que regula la expresión de los genes y participa en el mantenimiento de la estructura de los cromosomas, entre otras funciones.

Pero volvamos al pequeño Nicolás y a lo que reveló su exoma a los científicos. Para tratar de localizar la mutación que podría haber causado el problema se realizaron análisis bioinformáticos durante tres meses, mediante los cuales los científicos peinaron el ADN de los genes en busca de secuencias que varían de persona a persona. Una vez identificadas, las compararon con variantes conocidas en la población general y con variantes asociadas con enfermedades. Finalmente se identificó que la mutación estaba en un gen del cromosoma X. Una deficiencia de la proteína codificada por este gen confiere a los pacientes un riesgo muy alto de padecer un trastorno mortal de las células inmunes, por lo que un trasplante de médula ósea es imperativo. Un año después el niño sigue vivo y su recuperación va por buen camino.

Los genetistas clínicos opinan que se puede utilizar esta tecnología para la lucha contra las enfermedades monogénicas, trastornos en los que está implicado un solo gen. Estas enfermedades pueden representar hasta un 20 por ciento de las hospitalizaciones pediátricas en todo el mundo y una gran proporción de los costes de atención de la salud. Sin embargo, a menudo su base genética es desconocida. En Internet podemos encontrar la página web denominada Herencia Mendeliana en el Hombre Online (OMIM, en inglés), donde está descrito el compendio de estas enfermedades, que contiene en la actualidad alrededor de 7.000 trastornos, cerca de la mitad de los cuales tiene asignada una causa molecular.

Volvamos ahora a los genes y al exoma. La Organización Mundial de la Salud estima que más de 10.000 enfermedades hereditarias son monogénicas, es decir, implican pequeñas diferencias en un único gen. Sin embargo, como en muchas ocasiones los vínculos entre el gen y la enfermedad son insuficientes para demostrar una relación directa, las empresas que prestan servicios de genotipado se centran en aquellos genes «interesantes» cuya presencia sea potencialmente peligrosa para el portador o para su descendencia, como por ejemplo las variaciones genéticas de la fibrosis quística y la enfermedad de Huntington, o las mutaciones de BRCA y el cáncer de pecho.

El visionario genetista de la Universidad de Harvard George Church cree que unos pocos marcadores genéticos pueden servir para diagnosticar o predecir la probabilidad de sufrir una determinada enfermedad, pero no aportan nada nuevo. Por ello ha puesto en marcha el Proyecto de Genoma Personal (PGP), en el que pretende secuenciar completamente el genoma de 100.000 voluntarios a los cuales previamente se les ha realizado un estudio exhaustivo de su estado de salud y perfil psicológico. Todos estos datos se harán públicos para que los científicos busquen las bases genéticas de otras muchas enfermedades monogénicas y no monogénicas, o traten de identificar genes que determinan rasgos físicos o psicológicos, como la altura, el carácter, el altruismo o la inteligencia, si es que existen.

Es fundamental preservar la democratización recientemente iniciada para la lectura de nuestro ADN, aunque tan importante como obtener esta información es su análisis e interpretación de forma correcta y rigurosa. Como en otros muchos casos, la tecnología ha ido por delante del conocimiento y todavía no hay suficiente saber acumulado para comprender cómo afectan las variaciones del genoma en las enfermedades. Pero está claro que a largo plazo se puede asumir, sin riesgo de errar, que contaremos con el conocimiento necesario y que, por lo tanto, la genómica personalizada será una realidad.

Ahora comenzamos a comprender la enorme utilidad del paso de la secuenciación completa del genoma y su posterior análisis desde la investigación a la clínica, pero también entrevemos sus problemas. Por una parte, todavía no se ha llegado a un consenso para la regulación del uso de esta tecnología, y por otra, los investigadores y médicos creen que los sistemas de salud no tienen suficiente gente preparada en genómica y bioinformática para interpretar el flujo de datos. Es en el análisis de la secuencia donde se generan los costes, tanto en tiempo como en personal de alta calificación.

Esta información vital sobre nuestra biología permitirá al médico informarnos acerca de nuestras susceptibilidades para sufrir determinadas enfermedades. Se trata de tener la posibilidad de realizar tratamientos de prevención, lo que es mil veces mejor que tratar la enfermedad una vez que la padecemos. Algo muy parecido añade el doctor Joan Sabater a lo ya expuesto en el capítulo 3: ¿qué hará la investigación en los próximos años? Seguir con los trabajos de relacionar cambios del genoma y susceptibilidad de padecer enfermedades, de forma que cada vez tengamos marcadores genéticos más específicos y significativos.

Otro campo recién abierto es el estudio del genoma de los tumores. Actualmente los tumores se clasifican según su estructura celular, que indica su nivel de gravedad y su capacidad de producir metástasis, principalmente. Con el conocimiento del genoma, el cáncer se individualiza, y se está relacionando el genoma de cada tumor con la respuesta a diferentes tratamientos, lo que va a permitir hacer una terapéutica del cáncer individualizada para cada cáncer en cada persona, lo que sin duda va a comportar un mayor índice de remisiones.

Más futuro: en la actualidad se está trabajando con el estudio de los cambios en 500.000 bases del genoma humano. Se han escogido éstas en la etapa actual pues son las que pertenecen a los segmentos del ADN llamados exones, que codifican nuestras proteínas. Como comentamos, existen importantes regiones del ADN que tiene una gran importancia sobre mecanismos reguladores, y todo esto está por estudiar, conocer, comparar e interpretar. Es todavía una caja de Pandora de la que no sabemos todo lo que va a salir. Más futuro aún: la epigenética, que es la ciencia que estudia cómo el medio ambiente y los hábitos de vida modifican nuestro genoma; nuestro genoma de adultos no es exactamente el que teníamos al nacer, y ello también se puede relacionar con el riesgo de padecer enfermedades.

Son por ahora sólo sugerencias que nadie duda que se convertirán en pautas para el futuro de la salud de todas las personas encuestadas en el curso de los 100.000 próximos años. ¿Tengo más riesgos que el promedio de un ataque cardíaco? ¿Estoy destinado a sufrir Alzheimer? ¿Me afectará la depresión como a mis compañeros? Los fármacos van bien a unos pacientes y son indiferentes en otros casos: ¿cuál será su efecto en mi caso particular? Antes de que transcurran otros 100.000 años, los pacientes podrán cultivar simultáneamente células madre de su propia sangre, que podrán convertir en cualquier célula del cuerpo, del corazón, del cerebro o del hígado para sustituir a tejidos dañados.

Pero el futuro ya está aquí, con limitaciones e incipiente, pero ya está aquí. Que llegue a las personas depende de la capacidad que las estructuras docentes de grado y posgrado tengan de información y formación de nuestros médicos presentes y futuros, y de la motivación de éstos para seguir estudiando un tema nuevo, quizás algo difícil, pero que se tiene la obligación de intentar aplicar, por ética profesional y honestidad personal con los avances de la ciencia.

El tercer visionario elegido es el psicólogo Steven Pinker, conocido primero como lingüista y ahora como investigador de la disminución de los índices de violencia y aumento de los de altruismo en el mundo moderno. En el citado artículo «Mi genoma, mi yo», hacía las siguientes consideraciones:

El otoño pasado me sometí a un método de la última alta tecnología para desnudar el alma. Mi genoma ha sido secuenciado y he permitido su publicación en Internet, junto a mi historial médico. La oportunidad surgió cuando el biólogo George Church buscaba a diez voluntarios para lanzar su audaz Proyecto de Genoma Personal. El PGP ha creado una base de datos pública que contendrá los genomas y rasgos de 100.000 personas.

Al igual que en los primeros tiempos de Internet, el amanecer de la genómica personal promete beneficios y dificultades que nadie puede prever. El Proyecto de Genoma Personal podría marcar el comienzo de una era de medicina personalizada en la que las medicaciones fuesen adaptadas a la bioquímica del paciente, en lugar de hacer malabares con el ensayo y el error, y en la que la detección y las medidas de prevención se dirigieran a aquellos que están en mayor riesgo.

A Steven Pinker eso le hace temer que se abra un nicho para que empresas sin escrúpulos aterroricen a los hipocondríacos convirtiendo las probabilidades dudosas en «genes de la muerte».

La familiarización directa con el código de la vida nos hace enfrentarnos con el equipaje moral y político asociado a la idea de nuestra naturaleza esencial. La gente ha estado muy familiarizada con las pruebas de enfermedades hereditarias, y el uso de la genética para trazar la ascendencia también se está volviendo muy conocido. Pero estamos sólo empezando a reconocer que nuestro genoma también contiene información sobre nuestros temperamentos y capacidades. Una genotipificación asequible puede ofrecer nuevas clases de respuesta a «¿Quién soy yo?», a las reflexiones sobre nuestros ancestros, vulnerabilidades, carácter y a nuestras opciones en la vida.

Una candidata obvia a ser la respuesta cierta es que estamos condicionados por nuestros genes en modos que ninguno de nosotros puede saber directamente. Por supuesto, los genes no pueden tirar directamente de las palancas de nuestra conducta. Pero afectan al cableado y la actividad del cerebro, y el cerebro es la base de nuestros actos, nuestro temperamento y nuestros patrones de pensamiento. Todos nosotros tenemos una baraja única de aptitudes, como la curiosidad, la ambición, la empatía, la sed de novedad o de seguridad, o nuestra facilidad para lo social, lo mecánico o lo abstracto. Algunas oportunidades con las que nos topamos coinciden con nuestra naturaleza y nos llevan a seguir un camino en la vida.

Hasta hace poco, la única área de influencia de los genes que estaba a la vista de todo el mundo eran los rasgos de la familia, e incluso se aunaban las tendencias genéticas con las tradiciones familiares. Ahora, al menos en teoría, la genómica personal puede ofrecer una explicación más precisa. Podemos ser capaces de identificar los verdaderos genes que inclinan a la persona a ser agradable o desagradable, un intelectual o un emprendedor, un individuo triste o un espíritu alegre.

Buscar en el genoma la naturaleza de la persona está lejos de ser inocuo. A pesar de que el siglo XX fue testigo de terribles genocidios inspirados por la pseudociencia nazi sobre la genética y la raza, también vivió terribles genocidios inspirados por la pseudociencia marxista sobre la maleabilidad de la naturaleza humana. Estoy totalmente de acuerdo con Steven Pinker cuando dice que «la verdadera amenaza para la humanidad proviene de las ideologías totalitarias y de la negación de los derechos humanos más que de la curiosidad sobre lo innato y lo adquirido».

Los descubrimientos de la genética conductual requieren otro ajuste de nuestro tradicional concepto del cocktail *nature/nurture*. Como sugirió hace ya muchos años la psicóloga Judith Rich Harris, además de los genes frente a la experiencia individual como precursores de casi todo, habría que aprender también a contar con la manada o el grupo con el que nos gusta coincidir.

La potenciación de las redes sociales
como nuevo puntal de la salud

Los descubrimientos de la medicina regenerativa, la genómica y la personalización de la medicina serán los motores que van a propulsar los siglos que vienen. La potenciación otrora embrionaria y hoy explosiva de las redes sociales será el mar de cultivo de la innovación resultante de la interacción entre fuentes de conocimiento dispar.

Patient Opinion es el sitio web donde los pacientes del National Health Service británico pueden acudir para compartir sus experiencias e historias personales en su interacción con los servicios sanitarios. Hay otras redes mucho más llamativas, como PatientsLikeMe, comunidad *on line* que permite a sus usuarios compartir los síntomas de sus enfermedades, tratamientos y avances en su recuperación con otros pacientes con el objetivo de hacer un seguimiento y aprender de los resultados médicos de otros. Su funcionamiento es sencillo: el paciente introduce en una página web sus datos e historial clínico y monitoriza su progreso mediante una escala adaptada para comparaciones clínicas *(clinically-valid outcome scale)*. Además, la herramienta web permite buscar pacientes con perfiles similares para comparar tratamientos y resultados. El éxito de esta red social de la salud radica en que, al contrario que otros sitios, no existe política de privacidad. Todos estos valiosos datos están a disposición de médicos, investigadores, empresas farmacéuticas e instituciones, y actúan como catalizador de nuevas investigaciones, con la lógica repercusión positiva en los propios pacientes. Como explica Jorge Juan Fernández García, senior manager de Antares Consulting, PatientsLikeMe cuenta con un modelo de negocio innovador, con una doble vertiente: por un lado,

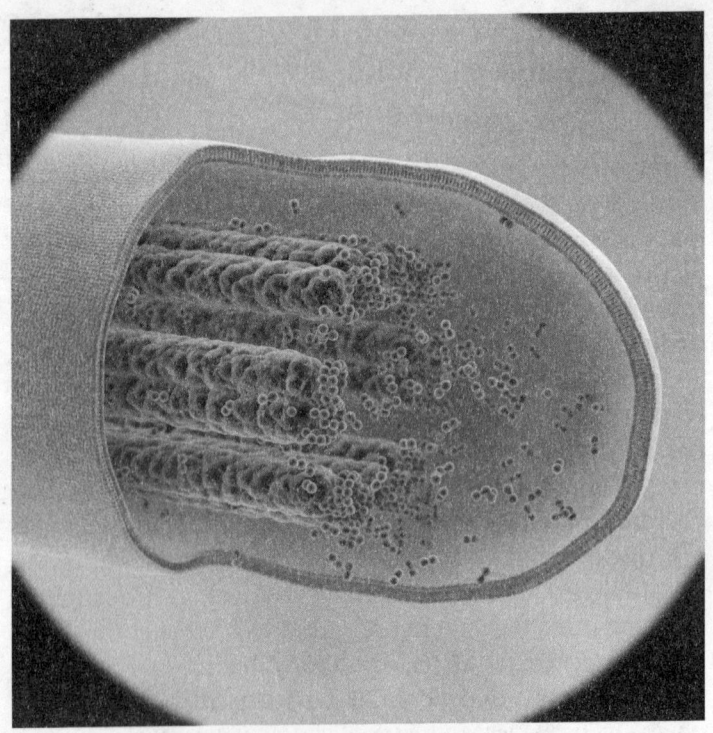

Corte transversal de un axón en el que se puede apreciar la construcción del esqueleto axonal. Los axones son prolongaciones de las neuronas que conducen la señal electroquímica a otras neuronas.

recoge información sobre los pacientes, sus enfermedades y tratamientos, y por otro lado, las instituciones y empresas pagan por disponer de estos repositorios de datos que son críticos en determinadas fases de los ensayos clínicos.

Ambas iniciativas, Patient Opinion y PatientsLikeMe, son excelentes muestras de lo que será la medicina del futuro basada en las redes sociales. La clase médica involucrada está esforzándose ya en los dos casos en ceder el poder absoluto que la caracterizaba —no sólo sobre la salud, sino también sobre la información— al paciente.

Este nuevo sistema de relación entre pacientes y comunidad científica puede inaugurar una nueva época en la medicina. La posibilidad que se da a los pacientes para asociarse y comunicarse entre ellos mediante la red genera una enorme cantidad de datos en tiempo real, imposible de obtener por otros medios que no sean los caros y lentos ensayos clínicos. La idea se basa en un nuevo modelo de medicina «hecha por pacientes, para pacientes». Los afectados por estas enfermedades se muestran entusiasmados con el proyecto: «Me siento conectado por primera vez desde que desarrollé la enfermedad.» Esto es lo que una buena consultora para el aprendizaje social y emocional debiera saber hacer.

Otras innovaciones en las costumbres de los humanos

La mayor visibilidad de los procesos tecnológicos que sustentan la vida ordinaria permite prever, con menor margen de error que en el pasado, el perfil de las sociedades del futuro. Estos cambios afectarán la vida cotidiana y ánimo de la gente, sus resortes y apoyos artificiales, como las formas de vida, la construcción, la participación presencial y, por supuesto, la naturaleza de los Estados que velarán por la gestión de los excedentes generados.

No es arriesgado apuntar dos tipos de cambios según se analicen los primeros 50.000 años o la segunda parte de los 100.000 años. Los cambios previstos por la mayoría de expertos en los próximos 50.000 años tienen que ver con el agotamiento previsible de las fuentes conocidas de energía. Ésa es la opinión del ingeniero industrial Christopher Steiner, para quien el aumento desacostumbrado del precio de los carburantes implicará el cierre de establecimientos alejados del domicilio particular, como ocurre ya con muchas escuelas públicas y privadas; asimismo, languidecerán hasta su desaparición paulatina las ciudades dormitorio; los núcleos urbanos de recreo se enfrentarán con dificultades de transporte parecidas a las de las ciudades dormitorio, pero a mayor escala, y será demasiado costoso viajar al centro de ningún sitio como Las Vegas, en Estados Unidos.

En el campo de la energía será muy difícil empecinarse en la continuidad del actual despropósito. No es imposible elucubrar, pues, cambios sustanciales en el medio del transporte. A este respecto, la mayoría de expertos vaticinan un retorno y modernización de los ferrocarriles, sin que ello interrumpa la caída continuada de los encuentros cara a cara y su sustitución progresiva por lo que los sociólogos llaman «la desaparición del cuerpo».

Algo más costoso será —si fuéramos capaces, que lo seremos un día— «arrugar el espacio» para transitar a velocidades superiores a la luz. Si no se puede igualar la velocidad de la luz, sí se podrá, en cambio, tal como sugería el físico mexicano Miguel Alcubierre, traer el espacio-tiempo futuro, el que está un poco más allá, al momento presente. Siempre y cuando, claro está, se disponga del volumen considerable de energía necesario para ello.

Nos comunicamos cada vez más, por e-mail, y textos remitidos; un número creciente de los contactos establecidos en nuestras sociedades están mediatizados por apoyos tecnológicos. «La comunicación se efectúa con representaciones tecnológicas de nosotros mismos» insiste el investigador de ciencia electrónica y computación de la Universidad de Southampton, Kieron O'Hara.

¿Cuál puede ser el sello de la comunicación digital? Basta comparar con medios como el papel, imposible de archivar; con la memoria humana, de la que no se puede uno fiar; con los rumores, tan a menudo sin fundamento; o las tarjetas de crédito, en lugar del dinero contante y sonante.

Se ha incrementado de forma irreconocible la transparencia y ya será imposible regresar a la opacidad en el futuro previsible. Somos más transparentes a los demás, pero el mundo es también más opaco al individuo. Ha desaparecido para siempre la privacidad a la que estábamos acostumbrados y nos tendremos que entrenar a formar parte de muchas más comunidades de las que habíamos imaginado.

En el futuro quedarán por resolver, como vaticina Russell Stannard, físico de la Organización Europea para la Investigación Nuclear (CERN) y de muchos otros laboratorios en Europa y Estados Unidos, problemas insolubles todavía, como la conciencia y el libre albedrío, el origen del cosmos o la vida en el seno de las ciudades del futuro. El Estado, en cambio, mantendrá intacto su poder coercitivo sobre las sociedades que gobierna.

Notas bibliográficas

Capítulo 3
Hacía setecientos millones de años que no ocurría nada parecido

1. KING, NICOLE, «The Unicellular Ancestry of Animal Development», en *Developmental Cell*, vol. 7, núm. 3, 2004, pp. 313-325.

2. KIRK, DAVID L., «A twelve-step program for evolving multicellularity and a division of labor», en *BioEssays*, vol. 27, núm. 3, 2005, pp. 299-310.

3. KNOLL, ANDREW H., *Life on a Young Planet*, Nueva Jersey, Princeton University Press, 2003.

4. MORA, CAMILO, TITTENSOR, DEREK P., ADL, SINA, SIMPSON, ALASTAIR G. B., WORM, BORIS, «How Many Species Are There on Earth and in the Ocean?», en *PLoS Biol*, 2011.

5. SEBÉ-PEDRÓS, ARNAU, ROGER, ANDREW J., LANG, FRANZ B., KING, NICOLE, RUIZ-TRILLO, IÑAKI, «Ancient origin of the integrin-mediated adhesion and signaling machinery», en *PNAS*, 2010.

6. SRIVASTAVA M., ROKHSAR D. S., «The Amphimedon queenslandica genome and the evolution of animal complexity», en *Nature*, núm. 466, 2010, pp. 720-726.

Capítulo 6
Si lo que importa es el inconsciente, ¿para qué sirve la conciencia?

1. DIJKSTERHUIS, AP, BOS, MAARTEN W., NORDGREN, LORAN F. Y VAN BAAREN, RICK B., «On Making the Right Choice: The Deliberation-Without-Attention Effect», *Science*, núm. 17, 2006, pp. 1005-1007.

2. NEWELL, B. R., WONG, K.Y., CHEUNG, C. H. J., & RAKOW, T, «Think, blink or sleep on it? The impact of modes of thought on complex decision making», en *The Quarterly Journal of Experimental Psychology*, núm. 62, 2009, p. 707.

3. VOSS, J. L. & PALLER, K. A., «An electrophysiological signature of unconscious recognition memory», en *Nat. Neurosci*, 2009, DOI: 10.1038/nn.2260.

4. CUSTERS, RUUD Y AARTS, HENK, «The Unconscious Will: How the Pursuit of Goals Operates Outside of Conscious Awareness», en *Science*, Vol. 329 no. 5987, 2010, DOI: 10.1126/science.1188595, pp. 47-50.

5. SIONG SOON, CHUN; BRASS, MARCEL; HEINZE, HANS-JOCHEN & HAYNES, JOHN-DYLAN, «Unconscious determinants of free decisions in the human brain», en *Nature Neuroscience*, núm. 11, 2008, pp. 543-545.

6. HARRELL, EBEN, «Think You're Operating on Free Will? Think Again», en *Time Magazine*, julio de 2010.

7. SEABROOK, RACHEL Y DIENES, ZOLTAN, «Incubation in Problem Solving as a Context Effect», 2003 y «Incubation in problem solving as a context effect», *Proceedings of the 25th meeting of the Cognitive Science Society, Boston, July 31-Aug 2, 2003*, Lawrence Erlbaum Associates, Mahwah, NJ, 2003.

8. PALMA, BÁRBARA Y COSMELLI, DIEGO, «Aportes de la Psicología y las Neurociencias al concepto del "Insight": la necesidad de un marco integrativo de estudio y desarrollo», en *Revista Chilena de Neuropsicología*, núm. 3, 2008, pp. 14 - 27.

9. FOEDER, PRESTON, GALLOWAY, MARIE, BARTHEL, TONY, «Insightful Problem Solving in an Asian Elephant», en *PLoS ONE*, 2011.

10. LEHRER, JONAH, «The Eureka Hunt. Why do good ideas come to us when they do?», en *The New Yorker*, 28 de julio 2008.

11. KEPECS, ADAM, «My brain made me do it», en *Nature*, núm. 473, 2011, DOI: 10.1038/473280ª, pp. 280-281.

Capítulo 8
La gestión emocional de la soledad

1. DANNER, DEBORAH D., SNOWDON, DAVID A. Y FRIESEN, WA-
   LLACE V., «Positive emotions in early life and longevity: find-
   ings from the nun study», en *Journal of personality and social
   psychology*, núm. 80, 2001, PMID: 11374751, pp. 804-813.

2. DIENER, ED Y CHAN, MICAELA Y., «Happy People Live Lon-
   ger: Subjective Well-Being Contributes to Health and Longevity», *Applied Psychology: Health and Well-Being* Volume 3
   (March, 2011), Issue 1, pp. 1-43.

3. BOOMSMA, DORRET. I., WILLEMSEN, GONNEKE, DOLAN, CO-
   NOR V.; HAWKLEY, LOUISE C. Y CACIOPPO, JOHN T., «Genetic
   and environmental contributions to loneliness in adults: the
   Netherlands twin register study», *Behaviour Genetics*, 2005,
   35(6), pp. 745-752.

4. COLE, STEVE W., HAWKLEY, LOUISE C., ARÉVALO, JESUSA M.,
   SUNG, CAROLINE Y., ROSE, ROBERT M. Y CACIOPPO, JOHN T.,
   «Social Regulation of Gene Expression in Humans: Gluco-
   corticoid Resistance in the Leukocyte Transcriptome», en *Genome Biology*, 2007.

Capítulo 9
Salud física, actitudes y salud mental

1. O'KEEFE, J.H., VOGEL, R., LAVIE, C.J. Y CORDAIN, L., «Achie-
   ving hunter-gatherer fitness in the 21st century: back to the
   future», en *American Journal of Medicine*, 123(12), 2010,
   pp. 1082-1086.

Capítulo 11
Globalización, Internet y gobierno mundial

1. PARHAM, PETER, ET AL., «The Shaping of Modern Human Im-
   mune Systems by Multiregional Admixture with Archaic Humans», en *Science*, agosto de 2011.

Capítulo 12
Nada nos impide llegar

1. PINKER, STEVEN, «A History of Violence», en *The New Republic*, 19 de marzo de 2007.

2. MORRIS, IAN, «Your children will live to see man merge with machines. But it will save or destroy us?», en *The Daily Mail*, 31 de octubre de 2010.

Capítulo 13
Un anticipo del futuro

1. GILBERT, DANIEL T. Y TIMOTHY D. WILSON, TIMOTHY D., «Prospection: Experiencing the Future», en *Science*, septiembre de 2007, 317 (5843), pp. 1351-1354.

2. BICKART, K. C. ET AL., «Amygdala volume and social network size in humans», en *Nature Neuroscience*, DOI: 10.1038/nn. 2724, 2010.

Capítulo 14
Los próximos 100.000 años

1. WYSS-CORAY, TONY ET AL., «The Aging Systemic Milieu Negatively Regulates Neurogenesis and Cognitive Function», *Nature*, 2011; 477 (7362): 90 DOI: 10.1038/nature10357.

2. ROSENTHAL N., «Prometheus's vulture and the stem-cell promise», en *The New England Journal of* Medicine, 2003, 349, pp. 267-274.

3. TROUNSON, ALAN, THAKAR, RAHUL G., LOMAX, GEOFF Y GIBBONS, DON, «Clinical trials for stem cell therapies», *BMC Medicine*, mayo de 2011.

4. PINKER, STEVEN, «Mi genoma, mi yo», en *The New York Times*, enero de 2009.

Agradecimientos

No me cuesta nada elegir al científico amigo a quien más le debo a la hora de definir los perfiles del pensamiento intuitivo, tantas veces menospreciado y subvalorado con relación al pensamiento consciente: es el profesor John Bargh, de la Universidad de Yale; está entre los que se han ganado a pulso el conocimiento del pensamiento inconsciente que tanto aporta, actualmente, al proceso de percepción, memoria, sentimiento, cognición y lenguaje. El grupo de científicos de los que John Bargh forma parte están, por fin, ayudándonos a descodificar la realidad.

La función de los bioquímicos e investigadores del CSIC, Gustavo Bodelón y Celina Costas se iba a limitar, como en libros anteriores, a supervisar con su reconocido profesionalismo los contenidos científicos del libro que, en definitiva, es un ensayo sobre la irrupción de la ciencia en la cultura popular; su inacabable curiosidad y profunda amistad les llevó a superar ese escalón y participar con el autor en el diseño y desarrollo de la obra.

En mi propia Productora, recayó sobre la psicóloga y directora de marketing Magda Vargas la labor de comprobar que todo cuadraba. No olvido que Javier Canteros y Ana Saula completaran la serie de imágenes e ilustraciones científicas.

Y, por supuesto, recuerdo muy bien la comida de trabajo en la que Carles Revés, director del Área Editorial de Planeta, me convenció de la necesidad de seguir escribiendo un libro como éste. A los editores de Destino Ramon Perelló y Ana Camallonga por encargarse de todo salvo escribirlo, y a Emili Rosales, porque habría sido imposible contar con un director editorial más versado en contenidos ansiados. Que conste para todos ellos mi agradecimiento más sincero.

Créditos de las imágenes